桂離宮に学ぶ

敷石と飛石の極意

豊藏 均

講談社

はじめに

桂離宮を初めて訪れたのは、今から37年前のことです。その当時は作庭専門誌の編集スタッフの一人でした。

創刊から5年目に当たり、それを記念して桂離宮すべての燈籠を徹底調査しながら、丸ごと一冊、燈籠一色に染めあげたような企画でした。取材期間は一週間近くもあったような覚えがあり、その間は、黄金のような毎日を桂離宮の中で過ごせたわけです。

思えばあの頃の私は、生意気盛りの20代半ばでした。

桂離宮のどこが何が素晴らしいのか。それを事前に調べることもなく、無謀なことに自分の感性を試すようにいきなり本番の取材に臨んだのです。もしも専門書や写真集を見てしまっては、偏った見方をするのではないかと。つまり「こう見るべき、こう感じるべき」と、既成の概念で見てはいかん、「自分の眼を信じろ」といった具合です。

このように傲慢な私を桂離宮は優しく迎え入れてくれました。何の先入観もなくニュートラルな感覚で眼にした御殿と庭は、歩むごとに展開し変化する景観をはじめ、細部に至るまで身体へ染み入るようにすべてが美しく感じました。

桂離宮の取材対象は燈籠でした。しかし、対象の燈籠へ行くには敷石と飛石に導かれるように歩くしかありません。踏むたびにゴツゴツした感触が足の裏を刺激しました。まだまだ駆け出しの若造です。身体で敷石と飛石を体感するなど、もちろん初めてのことです。意識しようがしまいが、何の抵抗もなく敷石と飛石の魅力と奥深さを知識ではなく、身体が知ってしまったようです。

それからの私は「庭の美しさは、飛石や敷石などのディテールにあり」と了見の狭い捉え方をするようになりました。ともかく桂離宮の敷石と飛石が、庭の美しさを計る尺度になったといっても過言ではありません。

さて、「飛石」と何気なく言葉に出しますが、単純にいって「飛ぶ石」とも書きます。これを読むと桂離宮の中でも園林堂《おんりんどう》横の飛石が頭に浮かびます。それは鳥や蝶が舞うが如く飛ぶようにも見え、その技はもはや芸術の域です。さらにこの飛石が敷石と交わったディテールなどはまるで工芸品のようです。たぶん、この光景を見てこれまで「伝い石」・「通い石」・「踏み石」と呼んでいたものが、一気に「飛石」へ変わったのではないかと推察したくなります。それと何度も飛石を「打つ」と記してきましたが、「据える」とか「置く」とはいいません。これは囲碁の世界と同じで、前後左右に広がり、線状に延びるという意味を含んでいるそうです。

一方、敷石は「石を敷き並べる」と素直に受け取れ、形態はバラエティーに富んでいます。それだけに今まで敷石と飛石に関したハウツー本はたくさん出ました。しかし本書は過去の形式と様式のコピーや技法を紹介する内容にはしたくありませんでした。なぜかといえば、今を生きる作庭者がどのような思いで敷石と飛石に向き合っているのか、その精神性を表わしてこそ、次代に繋げられ、展開できるからです。また、観念的な思いだけでなく、今の時代に調和した新しい感覚の敷石と飛石が創れないものか、その試みもご紹介します。

庭は一般的に高嶺の花だといわれます。しかし、庭以前に住宅へ入るにしろ外へ出るにしろ、先ず歩くことから始まります。同じ歩くにしろ、敷石と飛石の上を歩くことで、日々の暮らしが楽しくなるために本書がお役に立てばありがたいです。

豊藏 均

桂離宮に学ぶ敷石と飛石の極意

目次

時を越えた永遠の造形美

桂離宮の敷石と飛石を歩く

中門から眺めた飛石の造形美

ブルーノ・タウトに「涙が流れるほど美しい」といわしめた御殿が雁行に並ぶ景観

日本の名園中の名園

昔日の平安と変わらぬ流れを見せる桂川の畔にドイツの建築家、ブルーノ・タウトに「涙が流れるほど美しい」といわしめた桂離宮はある。住所表記は京都市西京区桂御園と記され、現在地の面積は約五万八千平方メートル。北側の緑地と南側の農地を含めるとその総面積は約七万平方メートル、東京ドームの約一・五倍に相当する。

かつてここは、八条宮《はちじょうのみや》家の所領内に普請した山荘であった。十七世紀初頭、八条宮家初代の智仁《としひと》親王が造営し始め、二代目の智忠《としただ》親王が完成させたといわれ、建築美の対極として東の日光東照宮、西の桂離宮と並び称される。八条宮家はのちに京極宮を経て幕末には桂宮と変わり、明治に移り後嗣が絶え、以後は宮内省（現・宮内庁）へと移管され現代に至る。修学院離宮と並び、日本の庭園美の最高峰として知られる。

御殿と並んで桂離宮の景観を象徴する松琴亭

雁行《がんこう》する御殿の前に展開する庭園の中心は複雑な汀線を描く池泉《ちせん》と中島。この周囲に松琴亭《しょうきんてい》・賞花亭《しょうかてい》・笑意軒《しょういけん》・月波楼《げっぱろう》の茶室が点在し、陸路と水路の両方からアプローチできる趣向は、苑路を歩むごとに風景はがらりと変わるというもの。その仕掛けが「閉ざして開く」という空間構成なのである。

池泉を中心に配した茶室とを結ぶ苑路が、本書のテーマ「敷石と飛石」である。いずれも自然界からの川石・山石と手を加えた板石で構成しているが、三百数十年の時を経ながら今でも色褪せない新鮮な造形美の魅力に溢れている。写真の掲載は参観コースの順路に従っている。庭園内に張り巡らせた「敷石と飛石」はいずれも美しいのだが、所詮、庭園の脇役にしか過ぎない。本書ではこれまで注目されることが少なかった「敷石と飛石」へ「用」と「美」の両面からの考察を加えながら主役として光を当ててみたい。

緻密な手仕事の集大成――御《み》幸《ゆき》道《みち》

御幸道は、大人の親指ほどの大きさの小石を隙間なく緻密に敷き並べた道である

綺麗に縁取られた敷石のようす、左上、突き当たって左に御幸門がある

ほぼ同じ大きさの小石を均等に並べて生まれた御幸道のディテール

模範的な「渡り」と「伝い」——外腰掛《そとこしかけ》から松琴亭《しょうきんてい》へ

石質も形態も異なる飛石を見事に使いこなしている

外腰掛へと導く飛石

外腰掛前（右側）の大胆な構成

外腰掛から眺めた「渡り」と「伝い」

個性的な打ち方を示す飛石

用に徹した飛石が、池と茶席とを結ぶ

渡りの一直線上に見えるのは石燈籠

松琴亭の軒内にある飛石

見るだけでも楽しくなる飛石の姿

松琴亭が広々とした池越しに見える

平面と立面の両面を構成——賞花亭《しょうかてい》から園林堂《おんりんどう》へ

賞花亭の三方を飛石が囲む

傾斜地に設けた石段のような飛石

軒先の雨落ちは、直線と直角に敷き詰めた小石でできている

敷石の直線と直角に対し不整形なる飛石の形態でコントラストを示す

ディテールに宿る精神性——園林堂《おんりんどう》への渡り

土橋の手前でＶ字形に折れ曲がる地点にあるのが、この織部型燈籠

軒内の手間暇かけた仕上げ

園林堂を前に飛石の形態を変化させている

今も昔も変わらぬのはアバウトでランダムな造形、これが最も難しい技能なのだ

小石を散りばめた敷石に対し飛石も平行にするのが凡人、それを斜めにする感覚が非凡さの証し

直線に如何なる思いを込めたのか——園林堂から笑意軒《しょういけん》

持仏堂の雰囲気を伝える園林堂を池越しに眺める

笑意軒への道すがらにあるのが、個性的な形態を誇る三角燈籠

茅葺屋根の笑意軒へ一直線に延びる飛石

笑意軒への敷石は、なぜか「草（そう）の飛石」といわれる

「草の飛石」のディテール。補修の痕が痛々しい

飛石が御殿と庭園を結ぶ――書院から月波楼《げっぱろう》へ

中書院から真っ直ぐに延びる飛石

御殿が高床式であることを象徴しているのがこの飛石

直線に打った飛石、一見、簡単そうでありながら実は最も難しいのだ

御殿（左側）と月波楼（右側）の間にある敷石は、機能一点張り

月波楼の軒内は、内と外が渾然一体に融け合っている

爽やかな風が吹き抜ける開口部の先に見えるのが松琴亭

アバンギャルドな造形美——御《お》輿寄《こしよせ》前の色褪せない構成

今でいう玄関前なのが御輿寄前、その前の飛石と敷石は形容し難いほどの造形美が魅力

高貴な賓客を迎えるための心の表れが、この造形美を生んだのだろう

中門を潜った先へ直角に曲がる「真（しん）の飛石」があり、目地の間隔の違いにも注目したい

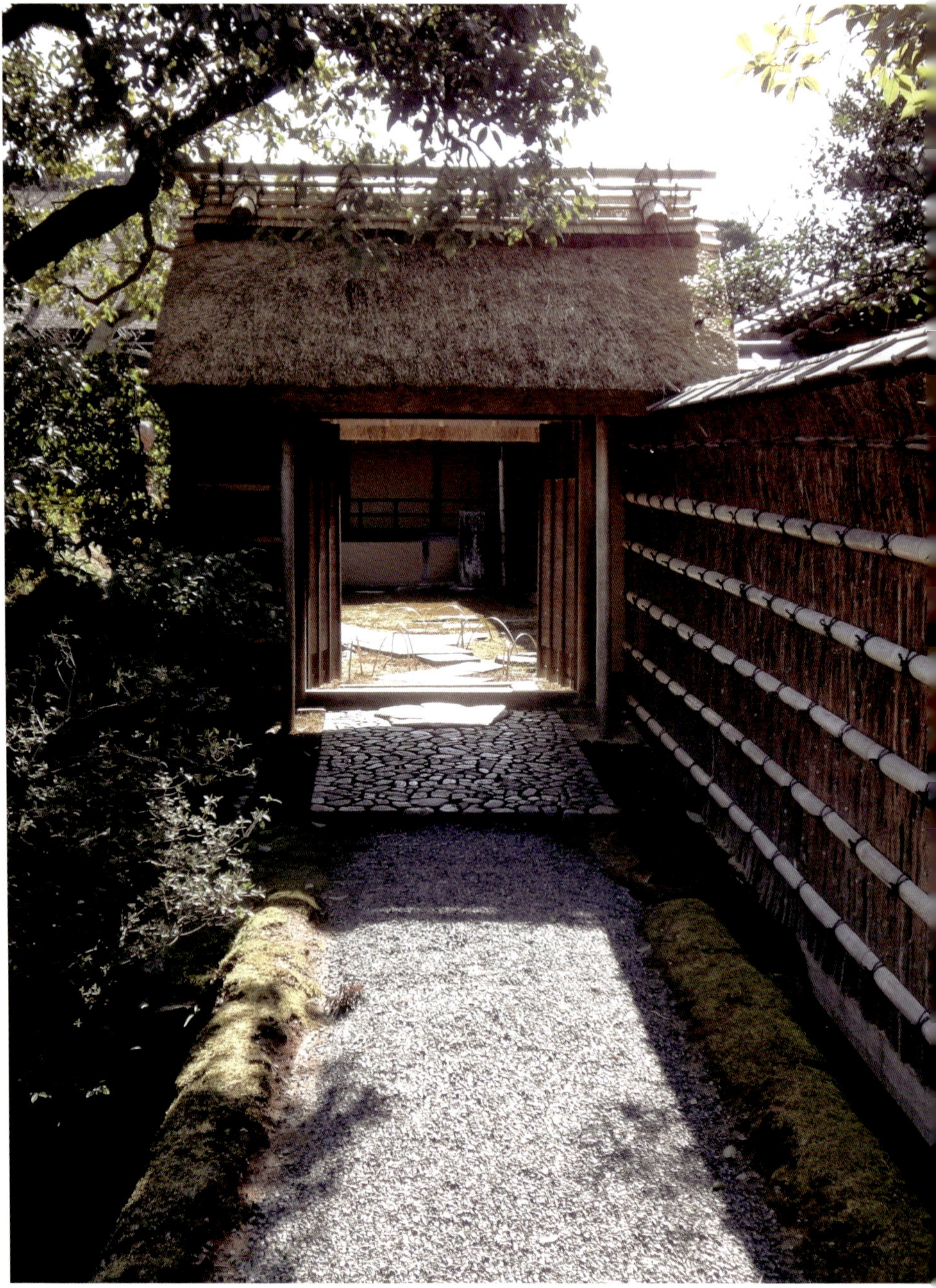

茅葺の中門が山荘の趣きを表わし、その下にも敷石が見える

列島縦断
現代ニッポンの敷石と飛石

東北の秋田から南は沖縄まで
12人の作庭者からご紹介いただいた20作の実例

作庭＝猪鼻一帆

地産地創という哲理

秋田

作庭＝福岡 徹（55歳）

木かげと敷石が渾然一体となった眺め

峠道を思わせる敷石すべてが地元産の石材
＝吉岡邸＝以下、同じ

石とレンガ、不思議によく似合う

沢伝いに歩を進めるような雰囲気の中で、敷石は「石畳」と化す

作者の福岡 徹さんがまだ20代後半の頃、無我夢中で手がけた飛石と敷石（延段）＝熊谷邸＝

30数年の歳月は、敷石のアウトラインを省略させ、味わい深い景色へと昇華させる＝熊谷邸＝

強い意志こそ極意

宮城　作庭＝小畑 栄智（41歳）

敷石をランダムにアバウトに配するのが最も難しい＝ブルームビルド株式会社＝

敷石には作者ならではの強い意志を込めている＝角田市 齋藤邸＝

現代住宅に不可欠な人の道と駐車スペースを使い分けた前庭＝白石市 山崎邸＝

石積をよけるように大きく迂回させた大胆な構成＝丸森町 齋藤邸＝

慎重かつ大胆

福島　作庭＝新　肇（54歳）

思わず歩きたくなる魅力こそ、現代の敷石に求められる条件＝折橋邸＝以下同じ

土蔵の街、喜多方市に生まれたオープンなたたずまい

内と外との垣根を取り払い、道行く人々も楽しめる工夫がここにはある

すまいの外観は、こちらに暮らす主人の人格を映し出す鏡のようなもの

玄関から眺めた敷石

敷石に用いたのは、喜多方市の歴史を刻む軌道石

苔目地の敷石は、細かく割った御影石の木端を埋め込んだもの

柔軟な意志から形が生まれる

埼玉　作庭＝厚澤 秋成（57歳）

流れるような曲線は、心象的にも気持ちのよさが湧き上がってくる＝三浦邸＝

飛石が、武蔵野の草原を思わせる庭へと人を誘う＝原田邸＝以下同じ

飛石と流れを交差させている

飛石から「霰こぼし」にと変化させた足元の景色

平面構成で決める

埼玉

作庭＝高橋 良仁（64歳）

工芸品のような緻密さと完成度の高さを表わす敷石＝吉田邸＝以下同じ

住宅に対し、敷石を斜めに配したことで鋭い方向性が生まれた

庭は元々駐車スペースだった

水音を発する小瀧のようす

心を込めたディテールには一分の隙もなく、独特の質感を放つ

飛石の可能性に挑む

東京

作庭＝平井 孝幸（66歳）

木々の間を潜り抜けるような飛石の感覚を体感できるのが、この庭（秋）＝土井邸＝以下同じ

水鉢（湧泉）の廻りを飛石が取り囲む

「歩きやすさ」という定説に挑んだ庭（春）

飛石は足裏で味わう唯一のアイテム

青空を映し出す水面が、庭へ広がりをもたせる

敷石が放つベクトル

神奈川　作庭＝星 宏海（42歳）

敷石のディテール。直線直角で硬くなりがちな雰囲気を石の縁を叩いたことで和らげている＝青嶋邸＝以下同じ

敷石を施した全景写真

カーポートの床面は地元の本小松石を使用

廃材となった石材をフル活用

敷石を取り囲む縁は、イタリア製のタイル

表現としての敷石

愛知　作庭＝鈴木 富幸（53歳）

地元愛知産の幡豆石（はずいし）でつくった造形物＝ Nagono no mise no niwa ＝以下同じ

常識にとらわれず、新しい可能性に挑んだすまいの全景

飛石でもなく敷石でもないのが、この通路

私の流儀、京都の流儀……………………

京都　作庭＝猪鼻一帆（38歳）

苔の鮮烈な緑と緩い弧を描く敷石が、グラフィック的な美しさを表わす＝京都 樋上邸＝

庭の中の「渡り」と「伝い」に大いなるこだわりを持つのも、京都ならではの流儀＝奈良 網本邸＝

桂離宮の御輿寄前に延びる「真の飛石」（宮内庁では「飛石」と呼称）の現代版といえるのが、この敷石
＝大阪 松浦邸＝

敷石との間に生じた余白にはチャートを配してアクセントに＝大阪 松浦邸＝

石と石を結ぶのは、分銅（鉛製）の形をした楔（くさび）＝奈良 網本邸＝

先人たちの意志を次代の京都へ……………………

京都　整備＝佐野　友厚（39歳）

京都町家のたたずまいを今に伝える庭の眺め＝五辻庵＝以下同じ

整備中のようす

荒れに荒れた整備前の状況

整備を終え、往年の景観を取り戻した庭

先人たちの魂を打ち込んだ飛石が放つ空気感を味わいたい

左手前の飛石が鞍馬石、丸い形は伽藍石で白川石といったブランドものである

伝統と伝承の違い

香川

作庭＝橋本 昌義（42歳）

この庭に触れれば、ざわめいていた心は瞬時に静まりかえる、これが日本の庭の大きな特長
＝佐々木邸 以下同じ＝

飛石は、絵に描いた「伝承技法」である

右ページで見る正面からの見返りの景色

爽やかな風を感じる庭の中へ打った飛石が、人を庭の奥へと誘う

「歩くこと自体が楽しくなる」、この一点が時代を超えたニーズであり真の「伝統」なのだ
＝平木邸＝以下、同じ

「力を抜いて歩きたい」、これこそ現代が求める敷石であり飛石かも知れない

俗にいう「日本庭園」では草は邪魔者扱い、ところがこの庭ではなくてはならない名脇役である

琉球の貴重な資源

沖縄　作庭＝菊地 洋樹（48歳）

琉球石灰岩のみで構成した庭＝K邸＝以下同じ

石灰岩オンリーで庭をつくるのが作者のポリシー

オブジェも敷石もほとんどが、石灰岩

沖縄の石灰岩は、貴重な素材であり資源である

石灰岩が、独特の質感を見せつける

列島縦断　現代ニッポンの敷石と飛石

作庭者12人の流儀

大阪、松浦邸の敷石＝作庭：猪鼻一帆

庭づくりは歩くことから始まる

近年、「日本庭園」なる言葉がメディアをにぎわせている。特に海外では「日本料理」に次いで人気があるようだ。しかし現実に目を向ければ非日常の世界であり、しかも古典的な庭園を連想させ、形式美・様式美・伝統美が最高だと思われているのだろう。そのため、古典のコピーに終始し、日本全国どこに行ってもみな同じスタイルの庭に見えて仕方ない。

「日本庭園」とひと口にいっても京都や東京の名園や一部の有名庭園を指しているわけではない。北から南まで続く日本列島は、その土地土地で採れる作庭の素材は豊かであり、特に石材となれば火山列島だけに石質も多種多様である。さらにそれぞれの土地の気候と風土が加わってバラエティーに富んだ庭を生んできた。したがって東北には東北の庭があり、関東から西日本、九州・沖縄まで多種多様な庭を育んできた。

とりわけ敷石と飛石は、高温多湿で降水量の多い日本では、家の内と外を結びつけ、足元を汚さずに歩くためには欠かせない最小限の道である。これに加えて地域によっては山石と川石の産出にも違いがあり。石の大小を取り混ぜたり、石の自然な形態をそのままに活用した敷石は、気候と風土が異なるそれぞれの土地で千差万別の発達を遂げ、列島各地で独自のスタイルを育んできた。

さらに全国各地に暮らす作庭者の感性・美的感覚・経験が加味されて、十人十色まったく異なってくるのが現代の敷石と飛石の魅力である。特に住宅の庭に不可欠な敷石と飛石には、作庭者のすべてが凝縮され表われてくるから楽しい。

本書は、これまで多く世に出てきた技能書にある敷石と飛石のパターンとか禁忌などにはこだわらない。その代わり列島の北から南まで最前線で現代の庭づくりに挑む12人の作庭者に実例を紹介していただいた。それが前ページまでの口絵カラーである。

これからのコーナーでは、12人それぞれが唱える敷石と飛石のこだわり、いわゆる流儀ともいえる秘訣を紹介させていただく。

凝灰岩の古材から川石へと変化する飛石＝山形市のＴ邸、以下同じ

秋田の流儀、私の流儀

秋田　福岡徹

そこにあるものでつくる・・・「地産地創」の哲理

二十代の頃、旅の途中で見た庭に衝撃を受けたことがあります。渓谷にあったその家は、かつては川だったのでしょう。樹林を巡る飛石は敷地から出土したもので、それが露地の伝いとなっていたのです。森の中に建つ家に森の自生種を植え、庭の土中から出た石で道をつくる。その地その家の素材でつくる庭は、まさに「土着の庭」です。材料は問屋から仕入れるものだと思っていた私の常識や作庭観は、この庭との出会いで見事に覆されました。

「近くの山の木で家をつくる」という建築の考え方がありますが、私はそれをもっと進めて、

「樹木や石も近くのものを使えば、自ずと家・庭は調和する。素材によって周囲と繋がる景観は土地の風土にも適い、『庭屋一如』を越えた存在になる」と、考えています。

そんな自論に行き着いて思ったのは、昔はそれが当たり前だったということ。今は、地方にいても世界中の素材が手に入る時代です。それでも私には、隣の芝生より自分の芝生の方が青く輝いて見える。田舎では、土地の暮らしは土地の物でまかなうのが基本。飛石や敷石も地産地消で行い、それを、秋田ならではの「地産地創」の域に高めていければと思っています。

作庭中に出土した石

土中や縁の下から出た石を選別して蹲踞や飛石に活用した

名も無き石を探す

庭づくりをする前に先ず、作庭地周辺の山や庭にどんな木や石があるのかを調べます。それが最寄りの石山を探す手掛かりになるからです。時には、道路工事をしている人に砕石の在処を聞いたりしますが、そうやって見つけた採石場には庭石用に寄せている石などまったく無く、時々、「そんな石何に使うんだ?」と不思議がられることもあります。でも、この「そんな石」は「磨けば光る原石」。それを現場で宝石に高めていくことに大きな魅力を感じます。

県内には土地ならではの名も無き石がたくさんあり、出会った素材の数ほど庭づくりの引き出しが増えていきます。それは秋田の庭の可能性を広げることでもあり、素材探しには十分な時間を掛けたいと思っています。

田舎の匂いのする道

山の中には大小の岩や低い岩盤があり、時には岩盤が砕けて砂利道のようになっている所もあります。当たり前のことですが、岩も岩盤も砕けた砂利も、形状や硬軟の違いこそあれ、同じ山にあれば同じ石質です。自然風の庭をつくる時にはやはり自然界のありように習いたいと、石組も石積も石の道も砂利も、なるべく同質の石で揃えるようにしています。時には、多少凹凸のある大きな石を使い、それこそ、山の岩盤のような風情で組んでいくこともあります。日本庭園の常道からは外れているかもしれませんが、ここは秋田で、私は秋田の風景をつくっている。それならば、田舎の匂いのする道でいいじゃないかと、そんな石の道を目指しています。

飛石、敷石も鳥海山系の川石を利用

土中や床下から出た石を内露地へ打つ

庭の歩みは家の歩み

その地とその家の石で庭をつくりますが、どちらを優先するかといえば、もちろんその家の石。蔵を覗けば昔の漬物石や碾臼《ひきうす》、藁打石《わらうちいし》が出てきたり、現場を掘り起こせば石が出てきたりと、どちらもその家の歴史であり、かけがえのない財産です。

この、お金を出しても買えない『掘り出し物』は、使わなければもったいない。物を捨てずに活かすのは「見立ての心」で、古き良き日本の心。家の物を大事にするのはその家への敬意であり、ある意味、庭の完成度より大切なことだと考えています。

秋田の庭を追求する私ですが、この考えは他県に行っても同じこと。

山形県で露地を手掛けさせていただいた時などは、探し集めた県産材とともに現地に乗り込んだところ、作庭中に大量の川石が出土、改築中の家からも柱の束石が出てきました。はからずも、若い頃に見た庭を彷彿とさせる出来事に遭遇。

縁の下や土の下で家を支えてきた石たちには最高の場所で日の目を見てもらおうと、内露地の飛石になってもらいました。

庭を歩むことで家の歩みに思いを馳せられる伝いは、その家にしかない持ち味です。その味わいには、どんなに高価な名石も敵わないでしょう。

人の心を打つのは、美しい石を美しく打つことよりも、思いを汲んで打ってあげること。そこに住む人やそこにある石に心を寄せることだと思っています。こんなことも、三十年前に出会った庭が教えてくれたのかもしれないと、今さらながらに感謝しています。

朝はアプローチ上の雪をガスバーナで溶かすことから始まる

冬のアプローチは雪に覆われてしまう
＝丸森町 齋藤邸

どんな環境にでも石を敷く

宮城　小畑 栄智

私のこだわり

東北宮城の冬は、降雪に加え、土までも凍りつくほど冷えます。そのため温暖な地からみれば、敷石となると想像もつかないほど手間暇がかかります。先ずブルーシートで厚く養生をし雪かきをします。ガスバーナー（プロパン）で土を温め、ようやく石を敷くことができるのです。どんな環境にでも石を敷くスタイルが私です。

宮城県にはいろんな石が今も採掘されています。鉄平のような薄い平石は採れませんが、石積に適したゴロっとした石はいろいろあります。石山には時々顔を出し、良い石の層が出ていれば即刻買って、ストックするほど石が好きです。時には何十トンもある石を大型重機のブレーカーで自分好みのサイズに砕くこともあります。

現場で石を扱う時は、和洋に関係なく、その場にふさわしい色や質感で選ぶようにしています。日々歩くアプローチの敷石は、歩きやすく日々の生活に支障のないように石の質感に注意をします。例えば雨でも滑りづらいこと、ゴツゴツし過ぎていないなどです。毎日歩くからこそ、歩きやすさを重視します。サブアプローチには庭の風景になるよう飛石には山石を使ったりします。

私の敷石は、従来の施工方法のように端から石を張り始めたり、大きな石を始めに配し、それから順に張っていくようなことはしません。あくまでも敷石の中心からスタートし、横に広がっていくようなイメージで石を配していきます。あとで空いた隙

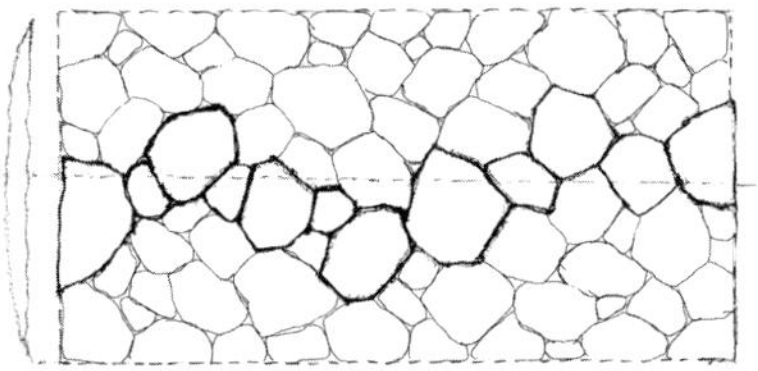

中心を少し高く若干かまぼこ状に施工し、目地は歩く方向から見て縦にならないようにする

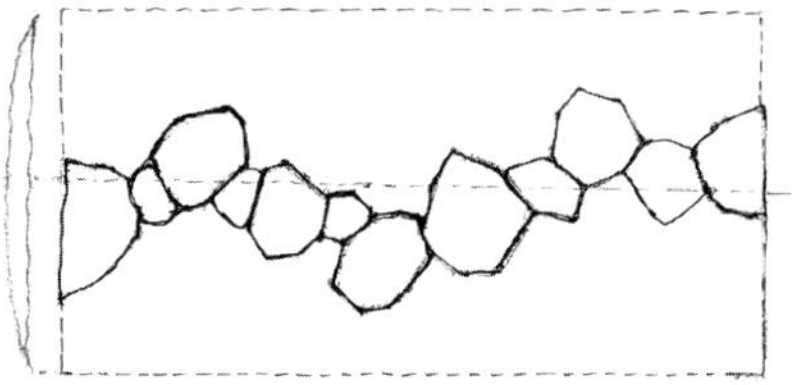

人が多く歩く中心近くから質の高い石を選び、敷いていく

間へ石を入れますが、その部分を極力減らすようにしています。そうすると小さな石さえ自己アピールでき、主役となることもできるからです。石を後入れするとどうしても苦しくなり、三角形の石を間に入れてしまいがちです。

　私は四角形以上の石の構成でレイアウトしたいというこだわりがあります。これを意識していないと、隙間へ三角形の石が確かに入れやすいのですが、それをできるだけ入れないように我慢しています。

なぜ、中心から敷き始めるのか

一、中心は人が一番多く歩くであろう場所であること。より質の良い石を選び、中心から敷いていけるからです。

二、アプローチの中心を少し高めにして若干かまぼこ状に施工するため、中心の高さをしっかり出してからの方がつくりやすいからです。

三、中心から敷いていく際、歩く方角から見て目地が縦に見えないように斜めが意識できるためです。

　人それぞれの敷き方があるでしょう。私は、基本的に厚い石を多く使います。表面は小さく見えても、厚みは表面と同じぐらいの深さがあります。それは地元に石山が多くあり、大ぶりな石が探せるからです。石を敷くにしろ積むにしろ、極力加工せず、そのままの形を活かすよう心がけています。私の敷石は、考えによっては石積式敷石と呼ぶほうが正しいでしょう。したがって輪郭の縁に綺麗な線を出す敷石より、「霰こぼし」のように個性を活かした敷き方がふさわしいかも知れません。

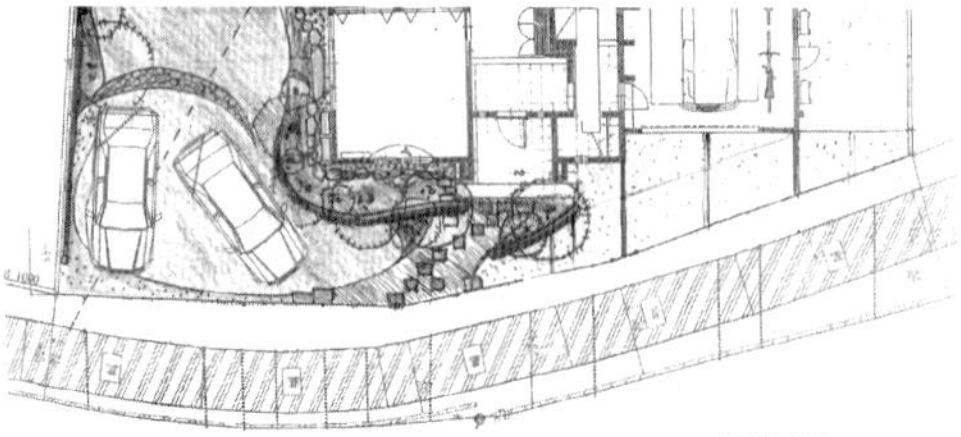

平面図

地域の痕跡を敷石へ留める

福島　新肇

地域の風景であり、その家の顔となる

ラーメンファンでなくともメジャーな存在となった喜多方ラーメン。その本拠地が赤瓦と漆喰の土蔵が織りなす美しい街並みでも著名となった福島県喜多方市です。そんな街並みに少しでも貢献できるようにと考えたのが、こちら折橋邸のお庭です。表の公道からそのオープンなたたずまいに散策の歩みを留めるような仕掛けを設けましたが、本書のテーマである「敷石・飛石」から外れるので割愛します。

玄関と公道を結ぶエントランス・スペースは、唯一パブリックな空間であり、門扉をも省略したためオープンなたたずまいを強調しています。しかも家族だけでなく、道行く人が誰でも目に触れるだけに繊細な感覚とアイディアを表現する技能の両面が要求されます。さらに作り手側だけでもなく、その家の顔にもなり地域の風景として重要な存在になるだけに慎重さと大胆さといった両面が不可欠でした。

こちら折橋邸の玄関と公道との直線距離はとても短く、この距離をいかに稼ぐかが設計最大のポイントでした。そこで左右の門袖の位置を前後にずらしました。その門袖の間を斜めに歩くよう人の動線を設け、可能な限り長い距離を確保しました。門袖は高さを変え、緩やかな曲線を描くことで視覚的に奥行きが生まれ、飽きのこない優しい印象の景観となりました。足元には調和を狙う目的で玄関脇の外壁に使われていたスティックボーダーのデザインを取り入れて周辺との一体化を図りました。

公道に面した前庭の
イメージスケッチ

敷石で先ず目に付くディテールは、細く薄い花崗岩の断面でしょう。細かく割った薄い板石の断面は一枚一枚ビシャンではつり飛ばし、それを表面に畳んでいきました。因みにこの石の下ごしらえは数年前から既に準備しておりました。強度が求められる輪郭部分には、この地域の発展を担いながら現在は廃線となった鉄道の軌道石を使用しました。石と石との間の目地には苔を配しましたが、石幅と目地幅の割合は一対一。このバランスが歩き心地の良さという付加価値を生み出したようです。

未来へ残る風景

過去に、「苔の上を裸足で歩きたく敷石は不要」というお客さまに出会いました。この意味では石と苔を織り混ぜたハイブリッドな敷石といえるでしょう。さらに歩く度に心地よい感触が足裏から伝わってきます。それと同時にオーナー家族が注ぐ植物への愛情も伝わってくる小径となりました。

喜多方のイメージカラーとでもいえる真っ白い漆喰塀と絡むように樹木を植えましたので、ひと際強調され、訪れるゲストを気持ちよく迎えてくれるようです。街を散策する人々も楽しく歩け、おのずと歩調もゆったりとなります。

作庭の際、私が念頭に置くのは、その土地に相応しい風景の創造です。相応とは、気候と風土はもちろん、地域性からもオーナーの家族からも、すべてにわたってふさわしい空気感を創ることです。それがその庭と自然界とを結び付け、ここにしかない景色へと育ち人々の心と未来に残されていく風景になるでしょう。これからも地域に染まり馴染むような作庭を続けていきます。折橋様ご家族に感謝。

作庭スタッフ＝神 彰宏

グラフィック的な地模様を
魅せる敷石と石積＝矢作邸

精神性がその場に表われる

埼玉　厚澤 秋成

「敷き売り屋」の害毒

石材が乏しい埼玉県に暮らす私は、茨城・栃木・群馬・山梨・静岡から材料を調達している。

今から三十年ほど前には、「敷き売り屋」が商売として成り立っていた。

それはとある地域から自然石をトラックへ満載して売りに来ていた石材販売業者たちであった。農家のような広い敷地に大きな景石を据えて走り去っていったが、その石は今も残っている。その延長か数年後には、秩父方面の岩盤を転がした青石と赤石による景石や飛石、沓脱石《くつぬぎいし》などをキャラやツゲの仕立てものと一緒にトラックいっぱいに積み込んでは、市街地の一戸建てへ売り込んでいた。

私は「造園業」という仕事をただ漠然とこなしていた。本書にも登場する私の師匠（埼玉県＝高橋良仁氏）に出会えたのは今考えれば幸運だった。

師匠から、庭は一つひとつの気持ちを積み重ねるようにつくり上げて行くものだと身をもって教わった。独立後、「敷き売り屋」が撒き散らした害毒を嫌というほど味わされた。それは石がゴロゴロしている庭の改修の打ち合わせで、「石の庭はもうたくさんだ」という声をよく聞いたからだ。そこで私は、真っ直ぐな心でつくり続けなければならないと思った。

庭の方向性をしっかりさせることが大事なポイント

文字通り、敷石が人を導くアプローチの役を果たす＝同右

モダンアートのような共同住宅のアプローチ＝東京都杉並区

敷石には目地有り目地無しの二種がある。川石など天然石は山目地にすると石一つひとつが際立ち、全体の仕上がりが柔らかくなる。また木曽石や大沢石、または筑波石のような天然石は広めの目地がよく似合う。

苔目地は敷き詰めた石の連鎖の乾いた質感をしっとりと包み込む。目地無しは割石などの安山岩系のものが良い。角の張った「あま石」をビシビシ詰め合わせると全体がのっぺりとした感じに見え、石の微妙な色彩のコントラストが引き立ってくる。同時にデザインが強調され縁が綺麗になる。当然、石の選別をしっかり行う必要がある。少々手間暇が掛かるが、石一つひとつの角を叩き続け、水が流れ落ちるくらいに叩く。そうすると石の存在感がぐっと増し天然石にも劣らぬ重厚感が出る。

表現方法に真行草があるが、「霰こぼし」は正しく草の敷石といえる。しかし奥行きを出す場合や石を撒いたような美的感覚が要る。

現代の建物は多種多様な様式と形式で存在している。作庭を生業にする私たちは、庭の様式や形式といった狭い概念は排除したい。そこから庭を表現する力を付けて行かなければならない。それには常に庭を「考える」訓練が必要であり、それは一生のテーマである。それを形にする時間が自分を成長させる。そこに閃きがあり直観がオリジナリティーにつながるのである。庭は生き物であり自分が「創りたい」と願わなければ生命は吹き込めない。中途半端でなく、今の自分が持っている精神をその場で出し切ってこそ、庭の未来が見えてくる

明確な意志は、明確な形を生む＝吉田邸　以下同じ

自由に伝い歩く

埼玉　高橋 良仁

作庭の優劣は、平面構成で決まる

本書へご紹介した吉田邸の庭は、駐車スペースのコンクリートを撤去し、乗用車一台分のスペースを庭に転化した実例でもある。道路に隣接する周囲には安山岩の野面石積を巡らせ、内側全体に盛り土を行い地表面を上げ、建物掃き出しの開口部から直接庭に降りられるようにした。

限られたスペースだが小瀧を設けた。小瀧からは水が二段に流れ落ち、その横から建物に対して斜めに三毳石《みかもいし》で石積を設けた。要は庭の立面を二段に分割することで、立体感を強調しながらかつ奥行きを出すことが狙いだった。

床の部分は、斜めに積んだ三毳石の石積の線に平行して、建物に対しては同じように斜めに花崗岩の棒石と板石を敷き詰めた。余白の部分には山砂の洗い出しによって床全体を仕上げた。中央に見える正方形の板石は、目地の部分が透いて見えるが、水が下に設けた排水に吸い込まれていく仕組みである。

庭の中では床部分が全体に大きく影響してくる。その平面構成しだいで庭の印象は変わってくる。そこで私は直線を基調にした構成にこだわる。なぜならば私は、幾重にも並ぶ直線に心が魅かれるからだ。また、敷石のライン構成は建築に対して平行に配したほうが効果的な場合も多い。空間によっては建築に対して斜めに配することで、庭全体に広がりを感じさせることができ、特長的色合いも出せる。

一分の隙を見せないディテールに美は宿る

敷石は方向性を付けるにはもってこいの技法

併用が効き、多目的に使えること

この庭は一種、戸外室的な考え方も含んでいる。実際にこの場所でご主人が一服したり、お茶を楽しまれたり、ペットのワンちゃんが日向ぼっこをしたりと活用されている。その時、沓脱石は腰を下ろすのに格好の場所と化す。

飛石や敷石の目的は、もちろん人が歩き移動するためである。昔は一軒当たりの敷地スペースが広く、純然とした「伝い渡る」のみで庭へ設けていた。しかし現在は、昔ほど広大な敷地の庭づくりが少なくなってきた。

また、現代人の時間の経過やスピード感、さらに生活スタイルの変化は、敷石や飛石に対して、人が伝い渡るのみの役どころだけに甘んじることに満足しないだろう。本来、露地の中の飛石のように足元を確かめ景色を眺めながら、ゆったりとした気持ちで人が移動する、それこそが庭の中の伝いの目的の一つである。だからこそ、そういう意味も踏まえながら、現代の飛石・敷石のありかたを考えるべきである。

昨今の私の庭づくりは、平面的に多くを占有する部分、以前なら飛石などの伝いと芝、苔などの地披であった場所を敷石や三和土といったものでデザインした一面に土間を設けることが多くなってきた。

これはもちろん、伝いを考慮してのことである。だが、どこからどこまでという限定的伝いではなく、庭をもっと自由に伝い歩くというような意味合いである。また、活用方法としても、テラスとしての扱いから戸外室的にと併用できるような多目的に使えることが、このような形を多くとるようになった理由である。

丸い水鉢の廻りを飛
石が囲む＝土井邸

飛石についての新考察

東京　平井　孝幸

「飛ぶ石、飛び去る石、飛び散る石」

茶の湯が盛んになるに伴って、飛石が発達していったといえる。

天端を水平に飛石との間を一定にすることで、歩きやすさと美しさを両立させた。長い時間の中でより完成度を高めたものが、現在まで伝わり残っているのが飛石である。この飛石なるものよくよく考えて見れば、「飛ぶ石」とも書くから不思議である。

知人から聞いたのだが、あの重森三玲がまだ無名だった昭和六年頃、日本庭園協会の機関誌『庭園と風景』へ「飛石に就ての一考察」という題名の記事が二ページ載っていたという興味深い話である。それによれば、「飛石は見る石ではなく、足によって味わう石」だそうである。時代が下ると鑑賞本位の飛石が現れるけれど、その原則は足で見る内容でなければならぬというのだ。それは一様に用の美から始まったからだろうと。茶庭などは特にこの用の美が庭園美を支配してきたことは間違いない。これは重森三玲でなくても書ける内容だが、ここからが奮っている。

「飛石は飛ぶ石として役立つ。飛び去る石として、飛び散る石として、飛び込む石として、各々役目をもっている。平地を飛び歩く石として、坂を昇る石として、木の間をくぐる石として、川や池を渡る石として・・・」云々。「木の間をくぐる石として」を聞いて、鳥肌が立った。本書へ事例として紹介した土井邸の飛石が、まさにこの「木の間をくぐる石」そのものだからだ。近代から現代まで、飛石は歩きやすいことが原

枝や幹に触れながら歩けるのが飛石ならではの魅力

則であり、歩き難い飛石などはタブーで、まして意識して打つほどナンセンスなことはない。古今東西、この無謀さに挑むような輩はいないものと思っていたところ、何と八十四年前もの昔に何と重森三玲も考えていたとは驚いた。

子どもたちへ原風景を贈る

現代という時代、快適さと便利さに溢れかえっている。多種多様なレトルト食品でボタンを押すだけで一流シェフの味がいつでもどこでも味わえる。都市も住宅もバリアフリーの観点から、生活環境のみならず、すべてにわたって整備された安全・簡便さが求められている。しかし、これで心豊かな暮らしが送れるわけではない。むしろ貧しく感じる。それは日常生活を送る上で当然必要な配慮であるが、反面、アンバランスゆえの美しさや、不完全であるからこその面白みに出会う機会が減ってしまった。元々飛石とは、歩きやすさに重点を置き、検討を重ねて据え付けるのが一般的であるが、数年前、NHKテレビ「美の壺」の取材で、施工主から「眺めて楽しむだけではなく、実際に子どもが自然を体験できるような庭を」という希望があった。子ども時代の原風景を求めていることが伝わり、「自然の中に迷い込んでしまった」と思えるような飛石を打った。

雑木の枝が絡みあい、幹が行く先を妨げ、飛石は大小をちりばめ、水平には据えず、木の幹につかまらないと歩きづらいようにすると、リアリティをもって自然を感じられる。「用と美」に留まらない飛石の在り方を、今だからこそ見直すことで、飛石の可能性はさらに広がるのではないか。

せめて主庭に出た時くらい、自然を身近に感じたいものだ。

意志を敷き並べるようにするのも極意か＝青嶋邸

飛石と敷石のベクトル　敷石のヨーロッパ事情

神奈川　星　宏海

正解はなく、自由でいい

飛石と敷石への私の思いを一言でいえば「まだ使える」です。いわゆる「もったいない」です。ネット社会の今、情報に溢れ、安易に厖大なモノが見れ、短時間で取り寄せられる物流社会でもあります。しかし、身近な足下に素材はたくさんあります。人が見向きもしなかった素材に心と技でその場にふさわしい空間を構築する。それが我々庭師・植木屋であり〝ものづくり〟です。このような観点で飛石と敷石を捉えれば、目地の通りの禁忌とか形態ではなく、純粋に素材へ向き合えば美しさを再発見できるでしょう。そこには正解もなく、自由で良いと思っています。

本書へ紹介させていただいた敷石は、外部空間のすべてを委ねていただいた中の一部である車庫のフロアーです。今冬の一月に完成しましたが、ご要望は二台分の屋根付きの車庫であることと、フロアーのコンクリート舗装だけは止めて欲しいとの二点でした。そこでいつものように予算を材料へ費やすのではなく、地元材に手間暇を掛けたいと提案したところ納得されました。フロアーは地元産の本小松石（真鶴）の大中をバランス良く敷いた乱張りです。目地は深めにして石の表情を引き立ててみました。

玄関へと誘導する一本の直線は、イタリア製タイルです。黒い敷石は外壁に調和する色を選び、白御影石（廃材）の方形乱張りで市松模様にしました。廃材であっても石材は使い方しだいで新たな命を吹き込めば美しい敷石に生まれ変わります。

本小松石（神奈川県真鶴町）の採石場

神奈川の庭師が考えること

例外を除き、庭は一般的に建物周りの外部空間から成立していきます。すなわち建物を無視して庭は成立しません。現代建築は直線的で合理的な形ですが。個性が足りません。その中で個性を十分に発揮できる場所となるのが外部空間としての庭です。建物の特性を読み取り、外部空間が浮かぬよう〝関連性〟を持たせてあげるべきです。その意味で飛石と敷石に委ねるテーマやベクトル（気勢・速度・質量・力）は変わってきます。今までの常識に囚われ過ぎない飛石や敷石を考えなくてはなりません。かといって奇を衒うのはあまりにも軽薄ですが、発想の逆転や、景色としての敷石があっても良いのではないでしょうか。

私が暮らす神奈川県中央には相模川が南北を縦断するように流れています。かつて先人たちは〝相模の玉石・砂利〟を採掘し、石積にしてきました。藤沢市辺りではその玉石も嫌われ捨てられる始末です。私はこの玉石を破棄せずに転用しています。また神奈川県といえば真鶴町の〝本小松石〟です。最高級の墓石に使われ、江戸城の石積にも利用されてきましたが、近年は採掘量も業者も減り、この先、二十年程で本小松石の採掘場は閉鎖されるといわれています。墓石以外はほとんどが海の埋め立てやJRのレール下の砕石に使われ、貴重な資源が県外にも流出しています。採掘場からの石は層の深さにより三つに分類されます。その性質を活かして作庭の材料にと使い分けています。神奈川の庭師として第一に先ず、地元の素材を使い、消えゆく貴重な資源を形あるものとして後世に残せるようにしています。

イタリアにおける研修会風景

本小松石を畳む＝青嶋邸

イタリア人の造園家・建築家・ランドスケーパーの敷石への考え方

私のライフワークとして海外で日本の庭づくりの技と心を広める活動をしています。イタリアでは毎年プロの建築家や造園家を集め、歴史ある園芸学校内にコースを設立し、日本の庭に触発された〝日本的庭園構築〟の講師を務めています。フランスではプロの造園家にパリ近郊の古城の敷地内へ〝日本的庭園〟をつくり上げる技術指導のセミナーを毎年開催しています。そんな彼らが敷石・飛石についてどのように考えているのかを尋ね私なりにまとめてみました。

イタリアの敷石は、人が歩く場所を特定するために設けられています。それが合理的に施工されていることが重要であり、特に石の素材には拘りませんし、石を平らに敷いて歩ければ良いだけです。デザインが優先され、石に対してのリスペクトという概念は無いようです。デザイン上、必要な枠組の中に石が平らに収まっていれば良しであって、目地や個々の石のフォルムには目が向きません。向かないというよりもそのような文化がそもそも無いのです。目地を気にすることもない。日本では石に対して畏敬の念はもちろん、産地や使われていた場所すら大切に捉えています。その思いは石一つにまで及び、石と石のつなぎの目地にさえ意識が向けられているのです。

石造文化のヨーロッパだからといって石全般を使うことに長けていません。特に自然石を扱う技術は決して長けてはおらず、むしろ違和感を生じるほどです。歴史的に見ると素晴らしい加工技術で作品を生み出す、ということに長けているのです。

加工技術が基盤である石造文化の歴史が深いだけに、日本の庭に見る自然石そのまま

研修会はフランスでも行われた

を敷石・飛石に転化する考え方とは根本精神が違うのです。同じことといえば〝歩く場所〟ということです。私の授業や実地作業を経て初めてこのようなことを彼らは意識し、思い感じていきました。

フランスの造園家に聴く一般的な飛石・敷石に関する考え方

フランスでは庭といえば先ず芝生です。庭づくりでは芝生の管理を如何に効率よくするかがポイントだそうです。フランスの庭師育成学校でも日本の飛石を教えるそうですが、必ず飛石は芝生の背丈よりも下げることを叩きこむそうです。何故ならば芝刈り機が走行できることが最優先されているからです。

敷石はイタリアと似ています。先ずアプローチの敷石は一直線に無駄なく玄関まで歩けることが最重要です。もちろんデザイン性は加わりますがイタリア同様に枠の中へ石を押し込むだけです。しかし、デザイン的なコンセプトや外観の美しさをいかに洗練させていくかが重要で、そこに自然への配慮や時代のプロパガンダが反映されていることが優秀であるという印象を受けました。

日本対イタリア・フランスのどちらが優れているかと問うのはナンセンスです。島国の日本は他国から侵略される心配は無いし木造文化です。一方のイタリアとフランスは陸続きで幾度となく他国に侵略を受けました。その時代の権力者によって文化も変わりました。石造技術は堅牢な建造物を生み、長い歴史にも耐えています。文化が違えば石の使い方も違って当然。庭で人が歩くための道、いろいろ違ってこそ面白いのです。

石を敷く行為を拡大解釈すればその応用は無限に展開する
＝ Nagono no mise no niwa ＝以下、同じ

表現の可能性は無限大

愛知　鈴木 富幸

多様な表現

敷石・飛石の原初は身近な材料を使い、実用のために歩幅に合わせて一石ずつ配石、また、石の平坦部分を上にして並べただけの露檀的な場所づくりを目的としたものだったかもしれません。しかし、そうそう適切な大きさの石はなく、そこには大中小のさまざまな大きさの石が組み込まれたはずです。その配石を妙とした職人の心意気が敷石・飛石の景観としての素晴らしさを進化させたのだと思います。

私たち現代の職人は、敷石・飛石をより一層進化させ、優れたものにしていく努力が必要です。形状（整形石か自然石か）、大きさ、風合い（新品か古材か）、目地の幅などの要素を複合的に組み合わせることによって多様な表現が可能になります。

ここでは、私が庭師として積み重ねてきた経験を基に施工したものをご紹介し、そのエッセンスを感じていただければと思います。私同様に敷石・飛石、さらには庭というものの可能性を探求する方々への一助となれば幸いです。

掲載のNagono no mise no niwaについて

こちらでは、敷石における表現の可能性へ挑戦をした事例でもあります。

建築を見ると、そのフォルムはシンボリックで教会のような厳かな印象を受けます。これには人が自然に対して「畏敬の念」を感じるのに通ずるものがあると私は感じました。また、外観は金属で覆われているのですが、その素材は時を重ねるごとに徐々に

敷石のようで石積にも見える不思議な形態

石に向かい合い、石頭を振うことでモノが生まれる

錆びて経年変化を感じさせるものでもありました。垣間見られる建築の職人技術と相まって、自然と人が一体となった建築であると思います。ですので、敷石においても緊張感がありながら、どこか温かさを感じさせる施工が必要となりました。

そこで、石材としてメインに使用したのが幡豆石《はずいし》です。この幡豆石は施主の故郷の隣町で産出され、ここ名古屋でも古くから親しまれてきた石材でもあります。幼い頃から馴染みのあることをお聞きしていたので、その素材感が存分に伝わるように「草」である自然石を用いました。

公道から入ってすぐの場所では隙間なく張り巡らせた敷石で緊張感を持たせ、奥へ進むにつれて徐々に目地幅が開き、穏やかな印象を与えます。次に数石で一歩を受け持って、最後は一石のみでの飛石に変化していきます。

私の挑戦

玄関前という格式ある場のため、再び隙間なく敷き詰めた敷石へと展開させて、ほんの数メートルではありますが、道中の道すがらの変化を物語として楽しむ場所としました。その中で、アプローチとしての機能である歩きやすさを考慮し、方向性を持たせ、大中小の石をバランスよく散りばめる意匠を技術が支えました。また、その物語の延長にアプローチと一体となった敷石のテラス及び造形があります。

元来、石は無機物であるため、石そのものにぬくもりや命を感じることは難しいことです。ただ、そこに人の手を加えることによってどうなるのか。敷石に起伏をつけたこの造形によって何かそれを表現することができないか。冷たいはずの石が温かさや優し

敷く石の厚薄の違いは、足裏から伝わる感触で解る＝吉松邸

張石と敷石（幡豆石）の違いが、この写真でお分かりになるだろう＝吉松邸

さ、自然や人の面影を伝える、いわば有機物としての存在に成り得るのかというのが、私の挑戦です。この造形を通じて、その一端でも感じていただくことができたのであれば職人冥利に尽きます。

クラシックな日本庭園には自然石を立てたり組んだりして、壮大な自然や宗教的憧れの世界、さらには宇宙までをも抽象的に表現していました。

現代庭園を担う私たちは、かつての日本庭園の精神性を受け継ぎながら、現代に即した手段・手法で、そのものの美しさはもちろん、その向こう側までをも表現する造形を創造していかなければなりません。

作庭にあたっては植物や石といった自然素材が中心的役割を担います。そのなかで敷石・飛石というものは石の素材感だけでなく機能性も併せ持ちながら、庭師による意匠が加わることによって自然を感じさせる心地良い景色へと昇華します。

庭師としてのスタンダードな技術を身に着けることができたら、それを実現できるように創作していきましょう。

前述の石材の形状、大きさ、風合い、目地の幅といった要素の他にも、その地域に根ざした石材、技術、何より職人個人の感性といったものが加わることによって表現の可能性は無限に広がります。

人の幸せな暮らしを思い描き、建築や自然を観察し、己の力で発想していくことが私たち庭師に求められていることであり、大切にしたいことであります。

大きさも形も揃った石材で、見ごたえのある敷石に仕上げるほど難しいことはない
岩月靖夫税理士事務所

飛石は住宅と庭を結び付ける重要なアイテム
＝滋賀県 谷口邸

「設《しつら》え」と「ゆらぎ」

京都　猪鼻　一帆

どう人を導くか

庭を構成するうえで欠かすことのできない動線、その動線を形づくる敷石や飛石（延段）から庭づくりは始まるといってもいいでしょう。庭空間の入口・出口・蹲踞・燈籠・縁側などポイントを繋ぐと自ずと動線が表れ、これを無理なく美しく繋ぐのが職人だと思います。また「どんな道を創るか」ではなく「どう人を導くか」が大切です。この意志が道の美醜に関わりますので私はここに時間を費やします。

私たちの仕事の舞台は京都です。飛石を打つ庭の空間が狭く、茶庭のように「着物姿の女性の歩幅」を意識して飛石を打つため、線が細く華奢なものが好まれます。かつて素材となる石にも恵まれた土地で、紅賀茂《べにかも》・貴船《きぶね》・鞍馬《くらま》・畚下《ふごおろし》・賎機《しずはた》・糸掛《いとかけ》・八瀬《はちせ》真黒《まぐろ》など賀茂川沿いだけで七種の石が採れ（今は採取不可）、飛石、延段の多様性が生まれた不思議な土地だといえます。

京都らしいお国自慢になってしまいましたが、現代において右記の名石で庭をつくることが良いのでは無く、石一つでも多様な素材の中から、何と何を組み合わせて新しい景色を創り出すことです。「設える」は、その空間の品を読むという意味で私は使いますが、これは伝統的であっても現代の庭づくりに必要だと勉強をしないとできません。これこそが石を据えるという時間をかければ誰でもできることを、我々庭職人がやる意味であり、庭を未来に積み重ねていくのだと私は思います。

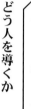

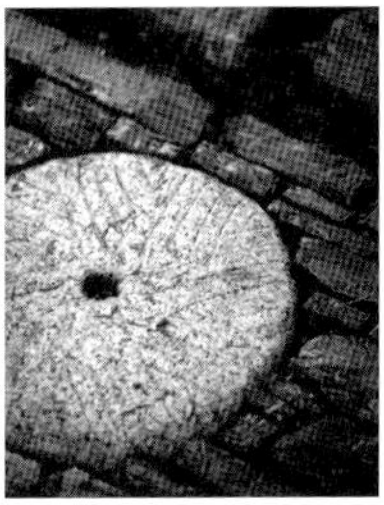

完成度の高い飛石と敷石は、ディテールを見てもいい
＝奈良県 網本邸

機能が形にと昇華するのも飛石の特長
＝愛知県 山田邸

日本の庭には「ゆらぎ」がある

私たちは自然が創り出してくれた素材の力を借りていることを忘れてはなりません。木々の木漏れ日も、陽の光の一定のリズムを風で揺れる葉が遮ったりする心地良さを感じさせます。この「規則性」と「不規則性」が調和した状態、これが「ゆらぎ」であり、優れた日本の庭には「ゆらぎ」を見い出すことができます。

飛石にしろ敷石にしても建物との調和が大切です。建物の色が明るい場合、黒々とした石では庭が重たくなり。数寄屋建築では線が細いので大振りな石では軽妙で優しい雰囲気が壊れてしまい、野暮で貧相な雰囲気になります。用いる石の色彩と大きさを誤るとその空間は壊れてしまいますので、慎重にならざるを得ません。

飛石・敷石が美しく見えるのは八割が自然素材だからです。後の二割は職人のセンスと構成力です。では、二割で表現できる美とは何でしょうか？　私は、自然石を扱う仕事で職人が純粋に介入でき表現できるのは目地だと思います。

敷石の石の繋ぎが上手いのは職人として当たり前です。目地のラインがいかに綺麗に洗練されているかが重要です。これが自然石の飛石の場合、アスファルトの上を歩くのと大きく違い、石の間隔は同じでも一歩一歩微妙にリズムが変わります。

よく日本の庭は、美しく心地いいと評されます。理由は判りませんが、自然の曖昧さ、されどその裏には職人の努力と計算があり、空間の骨格でもある飛石や敷石はその最たる部分かもしれません。何よりも、一つとして同じものは無い自然が創り出してくれた恵みで仕事ができるのですから、庭職人は幸せです。

整備前は藪のような状態だった

独特な外観を魅せる京都町家の姿＝五辻庵、以下、同じ

人と石とのセッション

京都　佐野 友厚

たった数石で物語を表現

日本の庭にはストーリー性が隠されている。さらに日本の庭ほど心豊かな「道」を創らせる世界はないだろう。だから道にもストーリーがあると私は思う。こと、「飛石」においては、そのストーリーをわずか数石でもって表わし伝えられる。そこに日本の庭の凄さを感じてならない。まさに、日本の庭のミニマリズムの象徴的存在と考えてよいのではないか。

庭の中の「道」にはさまざまな意味が込められている。移動のための手段としての機能のほか、義理・教え、道徳的な意味をも示している。そのような意味を持つ「道」の背景に「物語」が存在する。よく、人生を「道」に例えたりするのがその一例ではないだろうか。

人が通しつくる道を見るたび歩くたびに隠された物語を感受できる私であるが、特に、庭の中の「飛石」には、それを色濃く感じてしまう。

飛石とは、囲碁同様、作庭者が一石一石に思いを込めて「打つ」。庭に身を置く人もその思いに馳せながら歩く。その一石一石が一歩一歩に当てはまり、作庭者の精神性をシンプルに伝える行為であり手法でもある。また、その一石には形成まで数億年単位の生い立ちまでリンクする。これに作庭者の思いが重なり物語に深みを与える。人と石とのセッションで、とことん追求された手法が飛石ではないだろうか。

飛石は整備中に表われてきた

庭の整備は、掃除から始まる

五辻庵の飛石に打ち込んだ先人たちの思い

事例でご紹介した「五辻庵」は、そのような先人たちの思いを打ち込めたこだわりの飛石がある。五辻庵は、大正十五年に建築届が残る京町家。一棟貸宿泊施設として建築改修した際、同時に庭の修復も行なった。以前の庭は樹木が繁茂し、土砂が降り積もり、全貌が把握できるような状況ではなかった。

先ず、全体を把握すべく必要のない樹木の除去、土砂を取り除く作業を行うと、何とそこには、何ともいえない鞍馬石と賀茂川石のドラマチックな飛石の姿が露わになった。この中に単調なリズムになりがちな景色をダイナミックに変換するがための伽藍石（白川石）が存在感を高めていた。

これを目にした瞬間、今、私にできることはもう何もない。ただ、先人たちが残した仕事と思いに自分の感覚を寄せて修復するのみ。一部、建築変更に伴い縁先手水鉢の移動と燈籠新設で、二石の飛石に手を加えたが、時空を超えた庭師の協働を、思う存分楽しめた庭づくりであった。

作庭時にタイムスリップするようにして蘇生した庭の飛石によって、安心感のある景色までもが蘇った。しかし、それは「古い庭」が前提にあるからで、現代の住宅庭園に惰性で飛石を打つと「古臭さ」を強く発散させてしまう。

現代の庭から薄れつつある飛石をしっかりと次世代へ受け継ぐには、時代性を汲み取った現代の飛石を創出するしかない。そのヒントは飛石を進化させ受け継いだ桂離宮のシャープな飛石、小川治兵衛が据えた石臼の飛石に隠されていると思う。

飛石に作庭のすべてが凝縮

香川　橋本　昌義

飛石の打ち方の優劣・・・・・佐々木邸の飛石

次世代にこの地の歴史を知って欲しいと初期の庭にあった飛石や景石を再利用しています。これらは近くの海から集めてきた海石で構成しましたが、矢跡があったり涅槃像に見える景石を飛石伝いに目に触れられ歴史を感じる庭です。

敷地が狭く少しでも広く見せるために動線を曲げさせ高低差を付けました。そして飛石は、空間に見合う大きさを選び、手前を大きく奥へ行くにしたがって小さい石を据えて遠近感を出しました。

中庭の飛石は、足元から庭全体まで眺められ、川の流れを感じるように心がけました。飛石を打つ際、合端はもちろん外側のラインを石なりに合わせ、外側に重心をもっていくように打つと歩いた時、安心感が出るようです。打つ時、何回も往復しては歩き、石が落ち着いて見える方向に踏みしめた時の違和感が無いか探ります。実はこの飛石の打ち方の優劣、出来不出来で、庭全体まで影響が及び、ゆったりとなるか窮屈になるかが決まります。いわばこの飛石の打ち方一つに作庭のすべてが凝縮されているといっても過言ではありません。

材料にしても施主の家に元々あった古材と私が選んだ新しい材料を合わせながら使っています。古材にはたくさんの思い出があり、その渡りを歩いて学校に行った、お坊さんが座敷へ上がられたとか、その家にしかない思い出があります。

近年、飛石が似合う住宅が減ってきた＝佐々木邸

敷石はその配石しだいで活用の幅は広がる＝平木邸

今や住宅事情は大きく変わりましたが、桂離宮の「真の飛石」のような切石は現代も使われており不変ではないでしょうか。またバリアフリーの時代だけに段差は無くなりつつあります。

ところが、ある施主からはむしろ段差は大事だといわれたことがあります。それは意識して歩く動作をしないとつまずいてしまうそうです。このような意識こそ、現代の住宅へ残していくべきではないでしょうか。

自然に身をまかせた現代の暮らしに合わす・・・・・・平木邸の敷石

こちらの庭は、施工半ばから私が思いを継いで施工させていただきましたが、それ以前に施主が長い時間をかけながらコツコツと雑木・野草を植え続けて雑木林をつくり上げておりました。

春には桜が満開となり、芽吹きから新緑まで毎日が景色の移り変わりを楽しめます。緑を深める夏は、見た目にも涼しい木かげが生まれ、風が吹き抜けていきます。秋には柿などの木の実が庭を彩ります。そして一年を締めくくるように庭は紅葉に包まれます。これら四季の移ろいを楽しめるのが雑木であり野草の庭です。このために雑木や野草など現状を壊さないよう慎重に繊細な感性でもって、野草が育っている環境に合わせるように延べ石を選び据え付けました。

施工後は石との隙間（目地）に野草が育ち、自然の力を感じて楽しめます。石は讃岐のブランド石材の庵治石《あじいし》をはじめ、由良石・豊島石などの瀬戸内の島々の石で構成してあります。庵治石は昔から飛石や石積、燈籠などに使われておりますが、庭に馴染みや

飛石が足元の景に深みを加える＝佐々木邸

草の存在が、野趣に富んだ眺めを生む＝平木邸

すい産肌の自然の錆石は数も少なく稀少となってきました。

延べ石を据え付ける際、ただ真っ直ぐに据え付けるのではなく、奥行きを出すために少しずつ曲げながら据え付けております。完成後、自然の力を借りて石の上や隙間などに野草が育ち、草花を楽しめるようにしております。

百の庭があれば百の思いがあると思います、それらの庭の要の所に思いを込めたものを据えれば庭を大切にしていただけるでしょう。現代の住宅事情と現代人の多様化した価値観を十分に意識しながら飛石と敷石に向かい合っていけば、現代の暮らしに不可欠な伝いや渡りが生まれます。

飛石の方向性を示す模式図
→＝方向性　・＝足が踏み締める位置

首里の石畳には人の道と雨水の道（溝）の二つがある

琉球には琉球独自の敷石が発達した石畳がある

琉球から飛石・敷石を思う

沖縄　菊地洋樹

石灰岩が創生した風土

太古、大気中の二酸化炭素は海水に溶けてカルシウムイオンと結合し、石灰岩として海底に沈んでいった。そのおかげで地球の温度が下がり、生命が謳歌する地球となったのだ。ちなみに地球上の石灰岩がすべて熱分解すると、気温は300度上昇するといわれている。石灰岩はまさしく生命の守り手の一つなのだ。

沖縄の島々は主に石灰岩から形成されています。石灰岩の隆起、風化、浸食という地球の活動から生まれた島々なのです。そのような成り立ちの沖縄での飛石や敷石に、私たちはどんな意味を見出さなくてはならないのだろうか。

琉球石灰岩は直射日光に照らされ続けても焼け石のようにならず、手で触れてもさほど熱くならない特徴があるので、亜熱帯の沖縄の夏をいくらかでも涼しく過ごすにはもってこいの材料となります。そして、南北に長く東西に短い沖縄島はそれ自体が魚付林であると私は見ています。雨は樹木や土などからの養分と石灰岩からのミネラルやカルシウムなども合わせて海に流しているのです。小さな沖縄島では、陸の自然と海の自然が直結していることを感じ取るのは難しいことではありません。

また沖縄は台風やカタブイといわれるスコールのような豪雨が多いので、豪雨から暮らしを守るために敷石にも工夫がしてあります。傾斜地の家では土の流出や土砂崩れを防ぐために雨水の道、すなわち溝を確保しながら石畳をつくってきました。

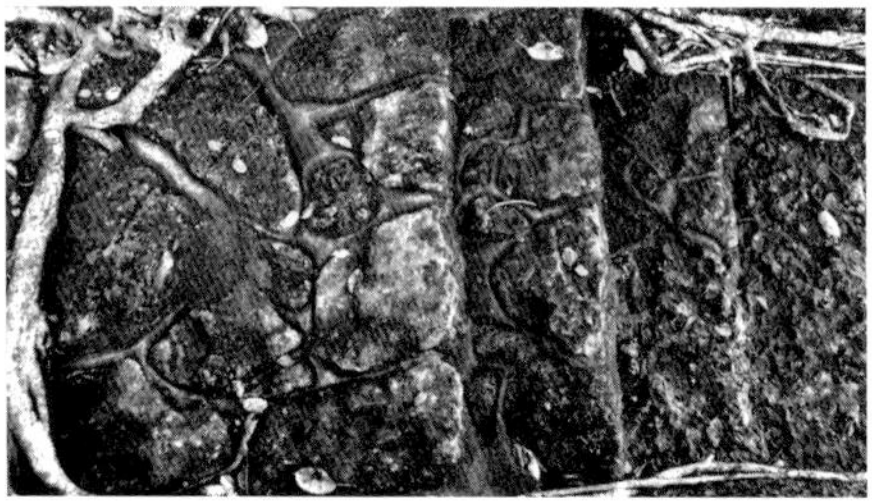

沖縄の首里にある山目地

自然と密接に関わる庭の世界から

人はなぜ地球からの恵みである石を飛石や敷石にしてきたのか。これからも今まで通りで良いのだろうか、それとも変革することを模索する時期なのだろうか。歩きやすく目的地まで誘うというシンプルな動機につくり手の遊び心、創造力、美意識などが重なり、飛石や敷石は存在してきたのだと思います。私たちはそれらを継承しながらも、肝心なことを思い出さなくてはならない時期に来たのではないでしょうか。

それは、地球とそこにあるすべてが一つの大きな生命体であり、人間はその一部であるという自覚と責任を持たなくてはならないということです。

近頃の自然現象、自然の猛威を目の当たりにし、私たちはそうした自覚と責任を持ちながら庭と関わり、改めて飛石や敷石について考え、つくり出していかなくてはならない時期ではないだろうかと益々強く思うのです。

自身が住まう地には、その地に合った最適なものがすでに揃っています。「自ずから然り」なのが自然ですから、私たちはその自然をありがたく使わせていただき、限られた資源は永きにわたり使い続けられるよう努力と工夫をしなくてはなりません。最近は人生八〇年と聞きますが、自然はその一時の人生の借り物なのです。借り物はきれいに使い、きれいに還さなくてはならないのです。

人間であることの肝心なことを思い出し、それぞれが生を全うできるよう気をつけなければなりません。自然と密接に関わる庭の世界にたずさわる私は、より一層、自らの責任と自覚を感じられることに喜びと感謝をもって臨んでゆきたいと考えます。

新感覚

敷石と飛石の試み

現代感覚で制作した飛石（平板）と敷瓦

ウェットになりがちな地べたを歩きやすくすることで敷石は進化していった＝京都の寺社にて＝

新しい感覚とは

日本の気候が温暖湿潤だったのは過去の話であって近年の夏は亜熱帯と化したようだ。特に降水量は記録破りの連続で、命の危険に及ぶなど想定外の数値を示している。このような気候変動の今、庭も多種多様な価値を見い出す時代を迎えたようだ。この意味でも敷石と飛石も昔からの形を惰性のように継承するだけでいいのだろうか。

そこで「新しい感覚」による敷石と飛石を本書は提案したい。その前に考え直したいのが「新しい感覚」とは何かである。それは過去からの形式を否定するだけでなく、ここはやはり過去と未来を結び付ける「伝統精神」を取り入れたい。

この国の雨水が多い風土性から考えれば飛石は、湿りがちな地べたを必要最小限に舗装した道であり、敷石は不特定多数の人が歩く道だと捉えられる。これを基に機能ばかりでなく、見た目にも美しく景色までも意識しながら創造してきたの

石工たちの自由で悦楽に満ちた精神を伝える敷石＝震災前の熊本城において＝

が不変的な考え方であり、真の伝統と捉えたい。
さらにこの伝統の上に現代の時代性を織り込んでいくのだが、この時代性には、環境問題や経済的コストなどで国産の石材が入手困難となってきたことも含む。かつて河原や山中で採取できたものが今はできない。しかし、敷石と飛石は石でなければならぬというのが、そもそも既成概念なのだ。こうした概念を打ち破り、考えを突き詰めた先に「新しい感覚」が見えてくる。
このような難しいテーマを快く引き受けていただき見事に制作されたのが、カラー口絵でも事例をご紹介していただいた高橋良仁さんである。これからご紹介する敷石と飛石は、従来からの石を使用せず古瓦の再利用だ。飛石は左官の工法による平板。よく見れば工法と素材は違っても平面構成の技法は同じである。また、その形には創造性豊かな精神性があることも肝に銘じたい。
高橋さんへ深く感謝申し上げながらその優美な造形美をたっぷりと堪能していただきたい。

飛ぶが如く 舞うが如く

設計・監修＝高橋 良仁
施工＝清水 渉・荻原 雅道・中村 善行・庭良スタッフ

直線と曲線が交わる姿は、鳥や蝶が飛ぶようにあるいは、舞うようにも見て取れる

直線で示す方向性と自由曲線の飛石

120年前の古瓦を一部加工して直線を表わし、平板による飛石は粘土（山砂とセメント配合）でつくったものを自由に配して曲線を表わしている

現代の画一で大量生産される工業製品では決して出せない豊かで深い味わいを感じてならない

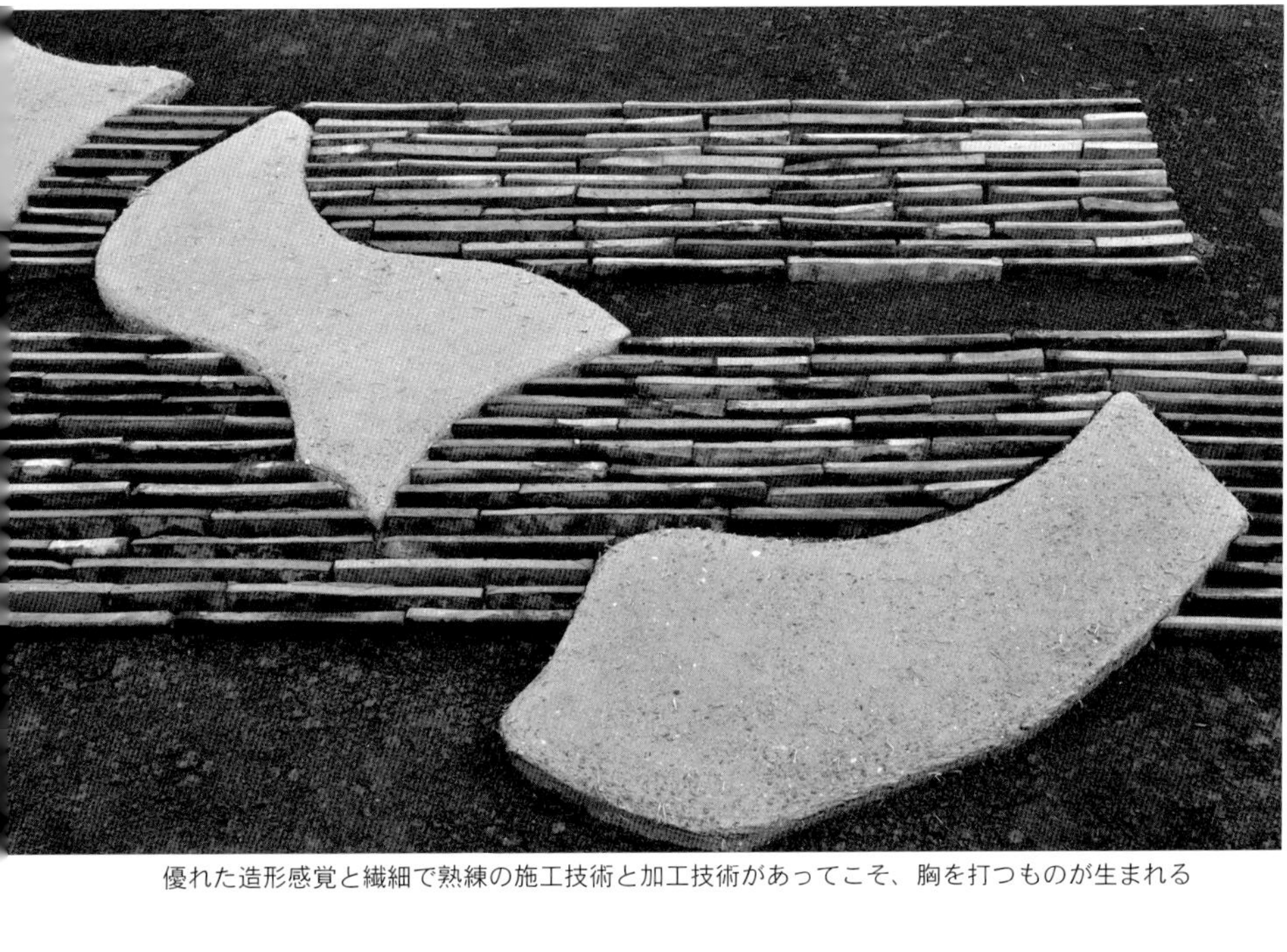

優れた造形感覚と繊細で熟練の施工技術と加工技術があってこそ、胸を打つものが生まれる

微に入り細を穿《うが》つ

工芸品のようなディテールに目を向ければ、息が詰まるような繊細な施工技術と
妥協を知らない加工技術の結晶であることが解る

古瓦を一枚一枚慎重かつ丁寧に据えていくことで、直線の集合体が生まれた

偶然か必然か

高橋良仁

「千利休は渡りが六分に景が四分、古田織部は渡りが四分に景が六分」に飛石を打ったと伝えられているが、どちらにしても飛石というものは、歩くという事を抜きにしては語れない。

歩くという行為のために、ある意味、削ぎ落された「用」と「美」を備えた庭の中の代名詞的なものである。

それだけにシンプルなその構成は難しく、打つ人の技量によって同じ石を用いても結果は大きく違ってしまうのだろう。そこで、ある時代に二三連打ちや千鳥打ちなどと形式化され、伝えようとしたのであろうか。

さて、実用として歩くという事において、飛石が現代人の行動やスピード感、また生活に沿っているかと考えると疑問である。露地などにおける非日常的な場のような、ゆったりとした時間の経過が必要であろう。そういった意味から今回の試み

飛石となった平板は、岐阜産の粘土に山砂とセメントを捏ね、型（配筋済み）に入れてできている

は、庭としての平面構成の方向性と景観のみを念頭に置き、制作をしてみた。いわゆる歩きやすいかどうかは別にして、試みとして考えてみた。

不定形の平板そのものの素材は、岐阜の粘土に山砂とセメントを配合し、配筋したスタイルフォームの型枠に突き込み成形したものである。

やや乾燥した時点で金ブラシで表面を掻き落とした。五ヶ所の長方形の延段部分は、百二十年経過した古瓦をカットしたものである。それを一枚一枚を丁寧に敷き並べたものである。

そのイメージはといえば、短冊のようなものが、右から左へ、または上から下へハラハラと風に舞っているという景色を想像したものである。

それは単にそのイメージだけで制作したものであるが、いざ仕上がってみると二三連打ちのような形態が現れたことは、偶然であろうか、はたまた自分の庭師としての経験がそうさせたのか。もしくは古人もこういった事から思い描いていたのだろうか。不思議な感覚である。

制作現場への丁張り（遣り方）

更地にした制作現場

杭を打ち、貫を水平に
打ち付ける

水糸に合わせて加工した古瓦を据えていく

自由曲線でつくる型枠

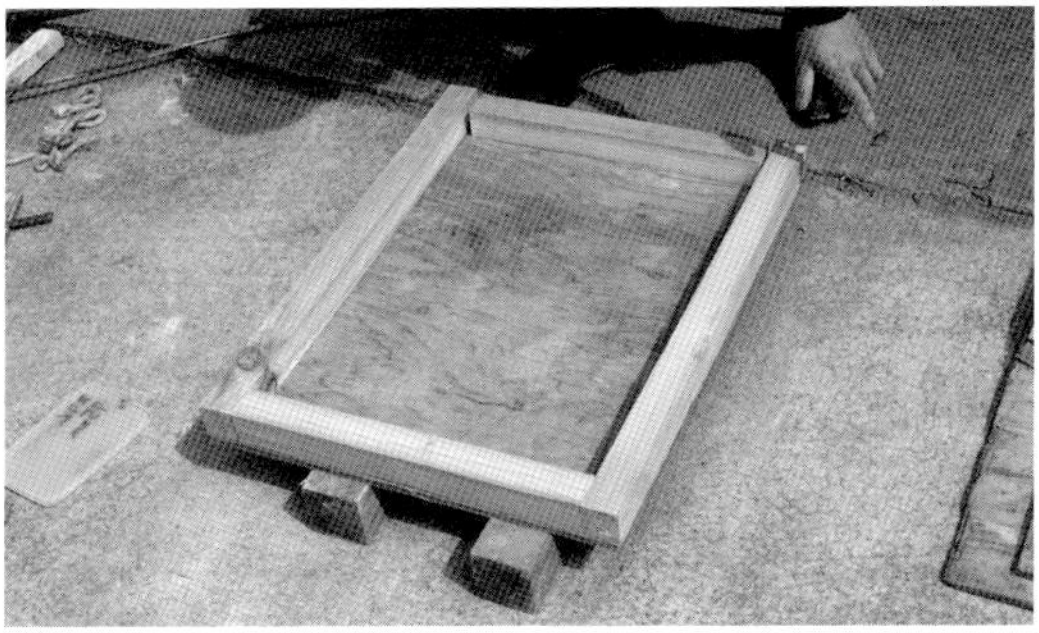

垂木と合板のコンパネでつくった型枠

スタイルフォームをイメージした曲線になるようにカッターで切っていく

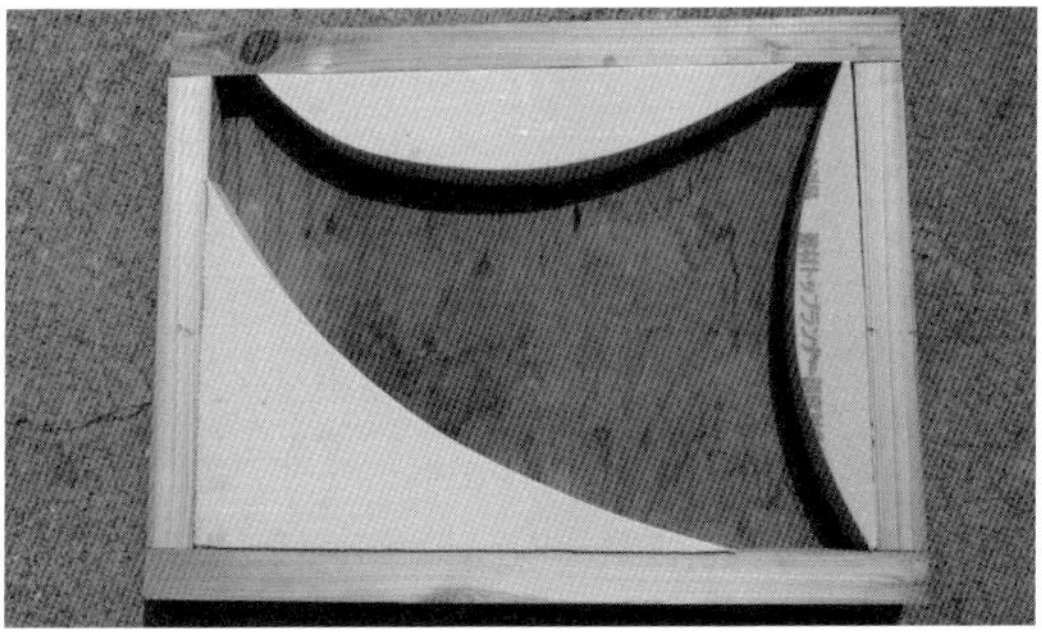

型枠の完成

スタイルフォームをその都度入れ替えたので、型は全部異なるためバラエティーに富んだ平板ができる

石でなく泥で平板をつくる

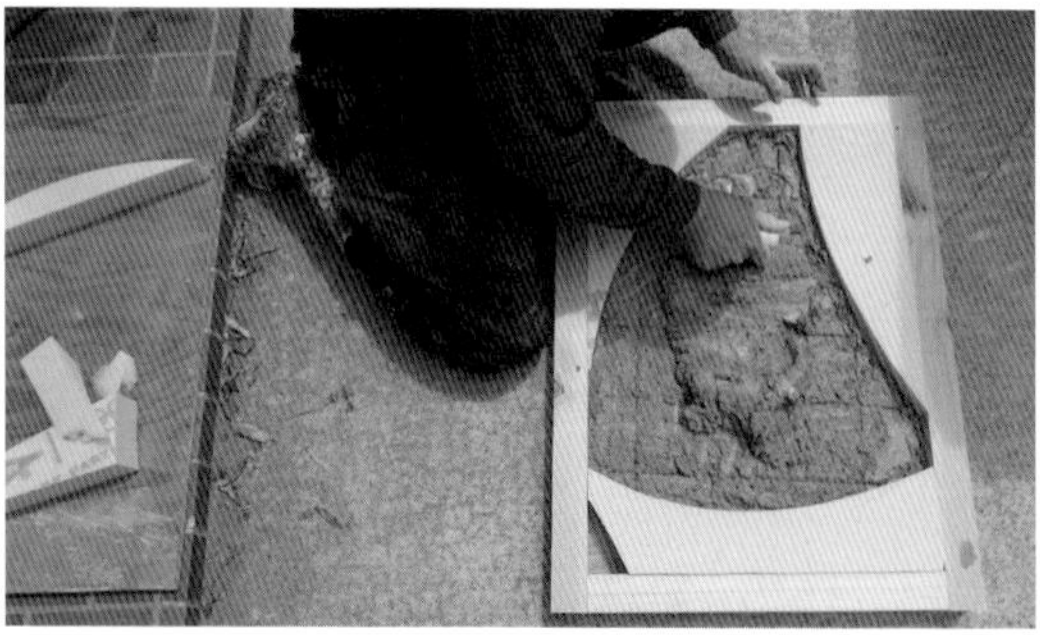

岐阜産の粘土と山砂とセメントで捏ねたものを配筋した型枠の中へ突き込む

数種類つくった型枠にも同様に突き込んでいく

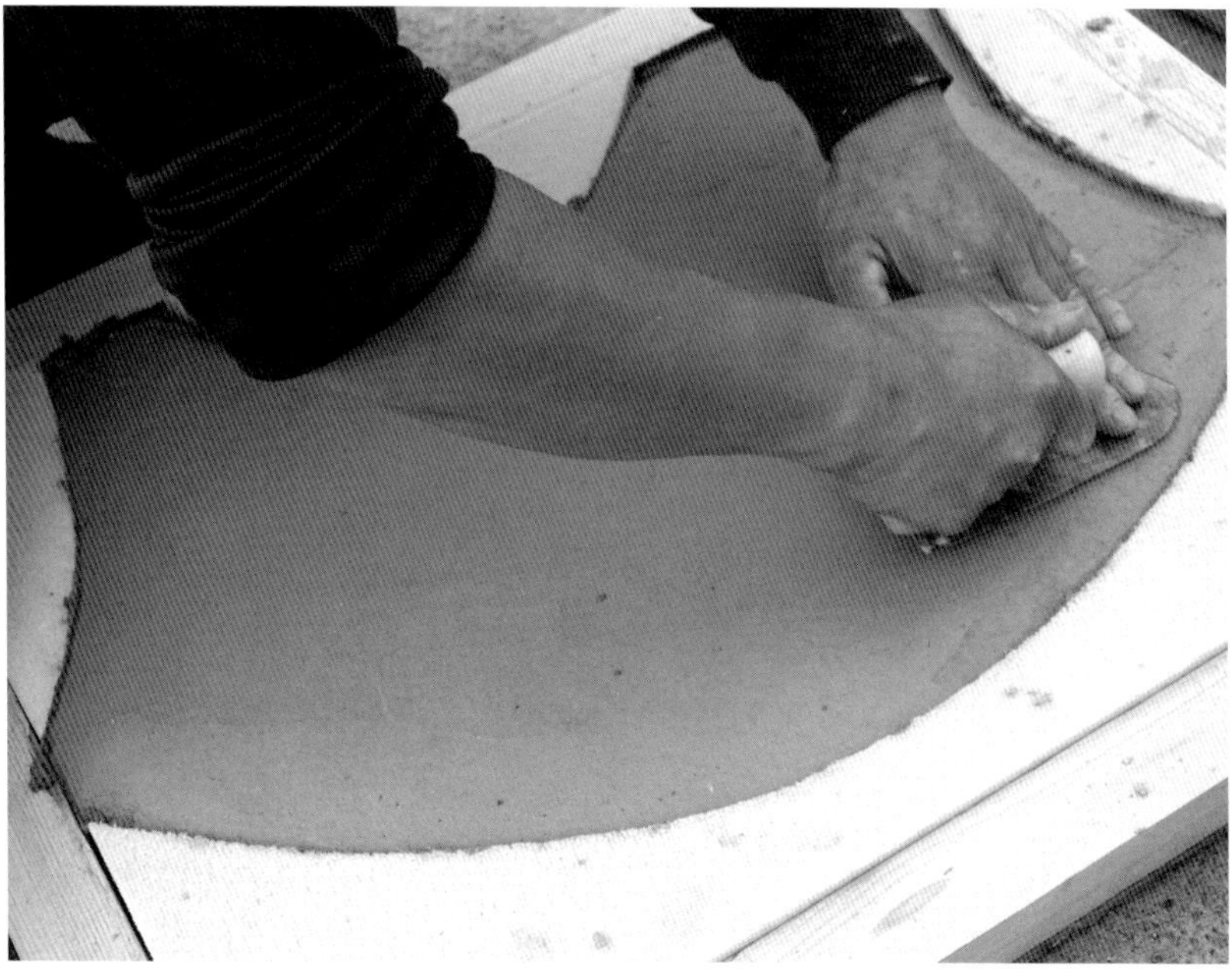

突き込めたあと、鏝を手で押さえるようにして締めていく

素朴な質感を出す

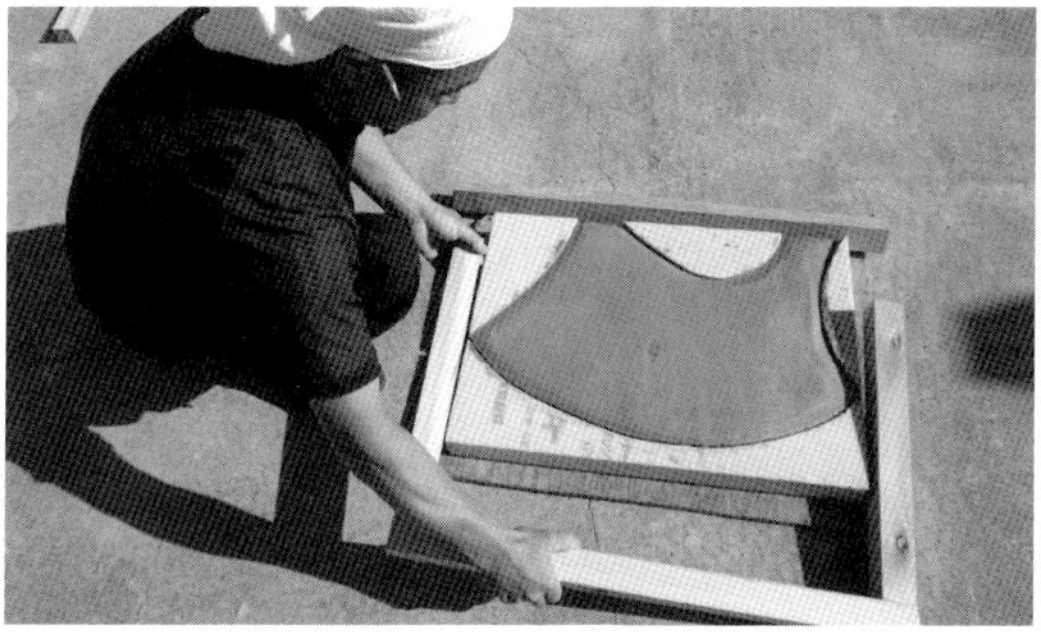

硬化し始めたところで慎重に型枠を外す

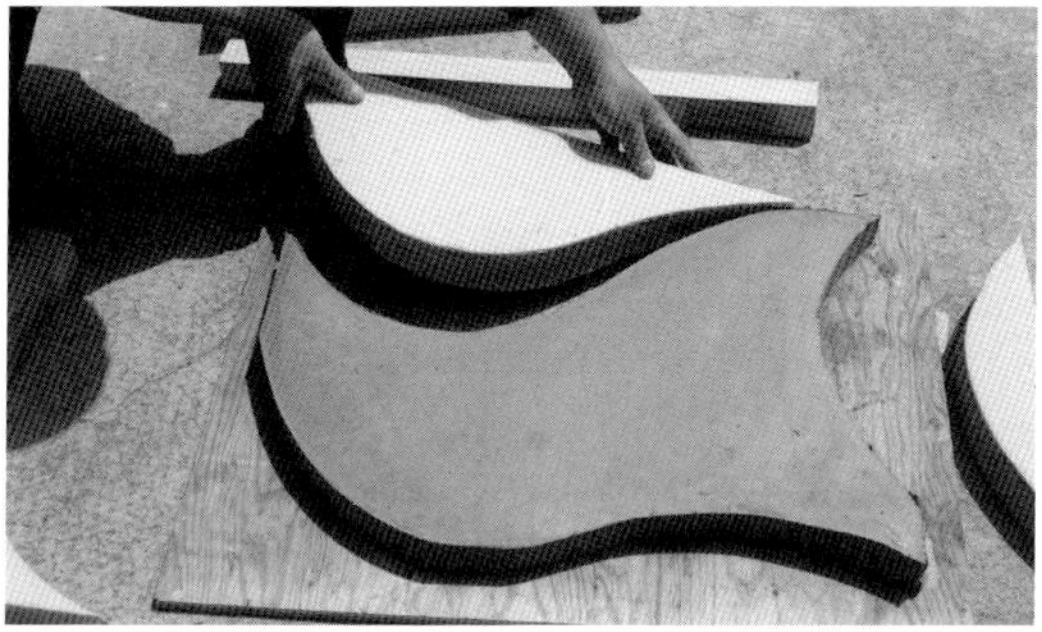

スタイルフォームを外すとユニークな形が飛び出す

金ブラシで表面を掻き落としていけば、味わい深い質感が出てくる。
ちなみにこの技法を「乾式工法」と呼び、洗い出しは「湿式工法」という

イメージを基にレイアウト

硬化した飛石を全体を見渡し、イメージに応じて配置していく

それぞれの位置で良ければ、丁張りの水糸に従って据え付けていく

水平器を使って天端をフラットにしていく

手間暇を惜しんではならない

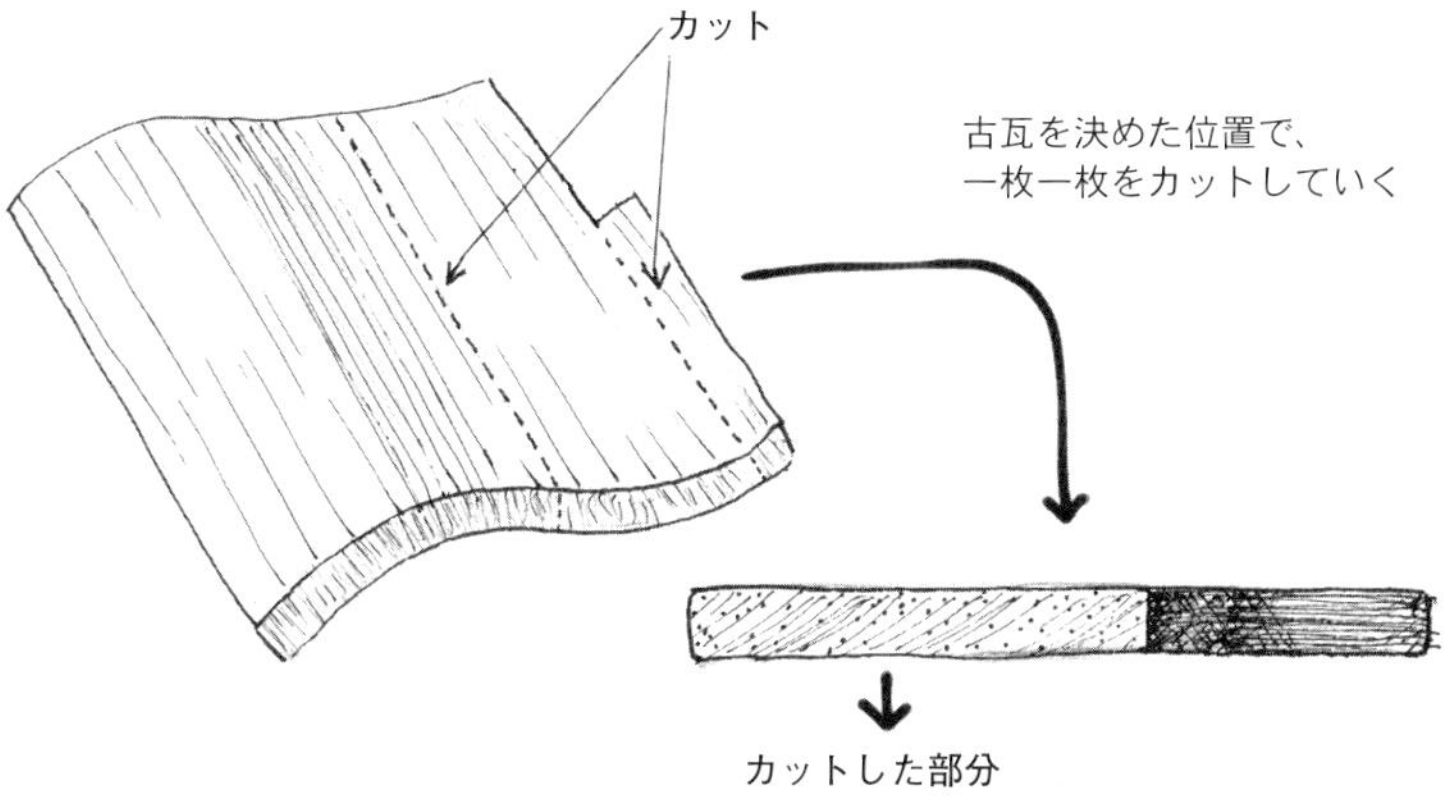
カット
古瓦を決めた位置で、
一枚一枚をカットしていく
カットした部分

現代のJIS規格とは違い、形状もまちまちな古瓦に加工を施す

切断することで古瓦の枚数は倍となり、切断面は景色にもなる

意志を古瓦に込める

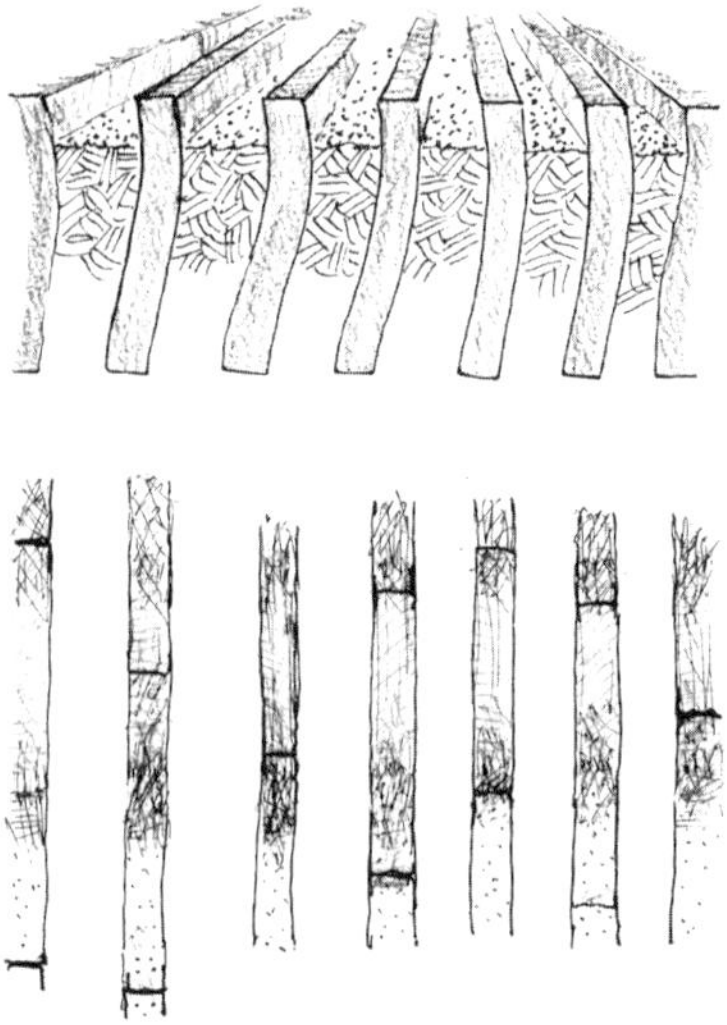

据付の断面図（上）と平面図（下）

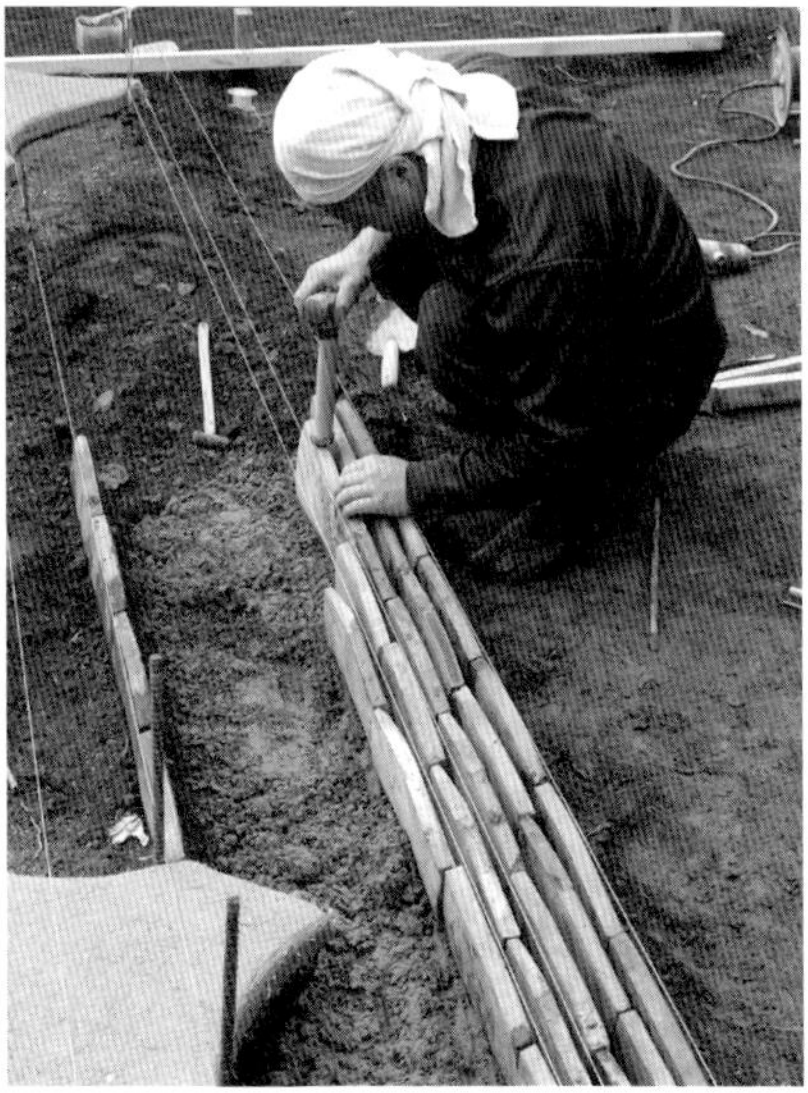

古瓦の天端を水糸に合わせて慎重に据え付ける

全体の構成とバランスを確認しつつ作業を進めていく

息が詰まるような緊張感

底辺が薄く自重も軽い古瓦の据付には、集中力と根気が必要

固定する際、天端の水平を何度も確認する

据付も終わりに近づくと形が見えてくる

細い目地に砂を入れ突き詰めて古瓦を固定する

他者の目を意識しようとしまいが、ディテールの仕上げには神経を最大に集中させる

地べたを整え木を植える

全体像が見えてきたところで、細部の微調整も怠りなく確認する

整地のため、周囲へ土を運び入れる

全体構成を見、木を植えると雰囲気はガラリと変わる。木を植える行為は、昔も今もこれからも不変的な行為

周辺の土を地鏝で丁寧に均していく

技法は同じでも素材を変えることで、バラエティーに富んだ造形が生まれる

無限の創造性に満ちた敷石

高橋良仁さんが考案した敷石の手順、平板の粘土と山砂の捏ね具合からセメントの配合、丁張りに打ち付けた釘の間隔などの数値はあえて記さなかった。なぜならばこれはあくまでも試みであるからだ。例えばセメントの配合は、その平板を歩く頻度の違いと寒冷地ならば耐候性も考えなくてはならないので決まった数値はない。さらに質感を重視したいのなら摩耗の早さ遅さも図りたくなる。だから数値は出せなくなる。これが作庭の難しさであり、楽しさでもあろう。

新しい感覚といいながら冷静に省みれば、平板と古瓦が交差する構図は、桂離宮の園林堂横で目にする方形の飛石と直線に延びる敷石とが交差する造形美に通じている。この造形美を素材と技法を変えて表わしたといっても過言ではない。技法は同じでも素材を変える。素材は同じでも技法を変える。この二つの考え方で創作すればバラエティーに富んだ敷石が生まれる。

日本全国

我が故郷の敷石と飛石

北海道から沖縄まで全国31人の作庭実務者が、
飛石と敷石の現況と需要供給をはじめ、思いまでを綴る

沖縄県＝首里の石畳に見る敷石／写真：菊地洋樹＝

時代に即した敷石・飛石への意識調査

この国の庭づくりに欠かすことのできない飛石・敷石はかつてその土地の山野や河川で採れる石材の違いによってさまざまな手法が編み出され、多彩な形態を表わしてきました。

ところが今は私有地であっても石材の採掘は困難となってきました。それは自然環境の保護をはじめ、防災・減災を図る意味と採掘へのコスト高と重なり、昔と違い採掘は激減しました。さらに物流の発達で、世界中の石材が大量かつ安価に供給されているのも大きな要因です。そのため全国のホームセンターには多くの石材が出回るようになりました。

それに加えて日本人のライフスタイルと住環境の多様化にともない、昔ながらの敷石・飛石は減少してきたようです。そこで全国の作庭に関わる実務者が、この現実をどう捉え、どう判断し、対処していくのか。31人のみなさんからアンケートへご協力していただきました。下記がアンケート内容です。

アンケートの項目

Q1 あなたが暮らす土地において、敷石・飛石の需要、もしくは材料に変化はありますか。

A 以前と変化なし　**B** 以前と比べて減少

C 激減してきた　**D** 変化あり　**その他**

Q2 飛石・敷石に使う理由と決め手、仕入れ先は？　あるいは採取方法は？

A 地元の材料商　**B** 他の地域の材料商

C 業者を介せず自らの手で調達

Cの方、その石質と名称、採掘の余裕の有無。

Q3 大きく変化してきた住宅事情に対し、飛石・敷石はどうあるべきか

A 機能重視で歩きやすさと現代感覚を重視

B 伝統手法を守ることを重視

C どちらでもない　考えたことも無い

A～Cに該当する方、その理由を述べてください。

その他　敷石・飛石に関したご意見のある方は、お書きください。

北海道

大釜慎史　緑植木　札幌市豊平区　44歳

Q1 C　地域的に和風の庭よりも洋風の庭が多いので施工は少なくなった。石張施工はありますが、飛石の施工はほとんどありません。材料も北海道内の採掘場も閉鎖しているところが多い。

Q2 C　昔は北海道産では、ニセコと藻琴《もこと》でしたが、今は閉鎖しているので各会社を回って探しています。最近は、札幌軟石を使うこともあります。

北海道＝函館の斉藤邸／写真：中浜年文＝

Q3 A　こちらでは洋風の庭がほとんどなのと、加工品が多く出回っているので（角がない丸い物）それを全体に良く併せるのが大事だと思います。

その他　飛石は、造園技能検定でしか扱ったことがない人が多くなりました。定期的に講習会等を開いていろいろな作業をしますが、もっと施工現場を設けられるようにしていきたいです。

中浜年文　中浜造園　函館市上湯川町　63歳

Q1 D　玄関までのアプローチは除雪が安易なアスファルトやインターロッキング舗装に、また、お客様のニーズが飛石から枕木、切石に変化しています。

Q3 A　駐車場の施設からの接続のなじみ。テーブルの利用や菜園の作業性、ニーズに合わせたデザインをすべきではないでしょうか。

東北

福岡徹　福岡造園　秋田県能代市　55歳

Q1 BとD　園路やテラスの依頼はあるが、石でつくる機会は少なくなってきた（レンガが好まれるようになってきている）。ただ、まだ見ぬ素材の可能性はあるので、さまざまなケースに対応していければと思う。

Q2 C　鳥海山と寒風石《かんぷせき》（安山岩）・十和田石（凝

灰岩）・その他（無名の石）

Q３ A　暮らし手のライフスタイルや庭の雰囲気に合わせたものを提供している。

新 肇　創苑　福島県郡山市　54歳

Q１　自然石は高価であるという認識がある。他の安い二次製品が使われるようになった。自然石は凹凸があって高齢者には不人気。

Q２ AとC　斑糲岩《はんれいがん》、俗称、黒御影石は、県内唯一、この石を採取している人がいる。その方もこの石に惚れ込んでいて、機械による傷を嫌がり人力で採取している。自分も賛同。

秋田県＝土中から出土した川石／写真：福岡 徹＝

Q３ AとB　A＝流行にのりつつも一定期間が過ぎても飽きず古く感じさせないデザインが必要。B＝長く伝わってきたにはそれなりに支持される理由がある。

関東

古平 亘　古平園　茨城県つくば市　35歳

Q１ B　筑波石を中心に使用しておりますが、地元の砕石業者も少なくなり、新たに採石しているところはなく、長年ストックされている中から選定しているため良質な飛石はどんどんと減ってきております。

Q２ C　筑波石と斑糲岩。採石業者が大量にストックしており、敷石・飛石として使えるものを石山から選定しています。

Q３ A　機能重視で歩きやすさを求めることが、伝統を守ることにつながる。今残る伝統的な飛石・敷石といっても機能的に歩きやすいデザインではないでしょうか。

B　歩きやすさを求めるならばコンクリート製品など二次製品を使うのが最もよいと思います。しかし、伝統ということを考えるならば、コンクリートが無かった時代に庭のぬかるみ防止には石が最高でした。つくば市周辺の古民家の庭にはオンジャク（黒雲母片岩）と呼ばれる石の敷石を見かけます。薄く平らに剥がれる特徴を活かした先人たちの知恵です。石は加工しない限り、平らなものはありません。不揃いの石を平らなように見せて、もしくは整列させる技能は造園的技能の特質の一つではないかと思います。また、石は再利用することができます。自然石の飛石や敷石に使われる、ある一面が平らな部分をもつ石が使う者の見方、用途により、石積、石組などの用途などさまざまです。

茨城県＝筑波山の麓にある砕石業者のストックヤード／写真：古平 亘＝

東京都＝材料置場で出番を待つ飛石
写真：吉田正夫＝

井上雅道　涼仙　埼玉県川越市　45歳

Q1 C　観るための庭から、空間を共有する庭に変化してきたこと。空間の狭小性や多様化により、他の目的と共有できる石貼りやスロープ、洗い出しなどに変化し始めているため。

Q2 A　できれば、その現場現地のものを使いたい。

Q3　考えたこともない、ということはないですが、どちらでもないです。公園も、公共施設も、住宅も変化し始めているので、飛石のもつ意味、概念などを保ちながら新しい形を考えるようにしています。

（そのヒントは業界外にあるような気がしますが）

厚澤秋成　グリーンプラン厚澤　埼玉県さいたま市　57歳

Q1 B　名の知れている飛石などは少なくなり、古材から仕入れることもある。

Q2 C　甲州砕石＝山梨県大月初狩石／羽黒石材＝茨城県桜川・稲田御影石／渋谷石材＝茨城県真壁

その他　公共施設ではバリアフリーが必然になり、エレベーター、エスカレーター等、安全便利に歩行できる。それらの影響か敷石は歩きづらいと指摘する人も少なくない。このような意見は当然である。だが、伝統的な技術であり、さまざまなデザインが可能なうえ、何よりも重厚感があり、植栽との兼ね合いがよい。つくる側の私たちも歩きやすさ、使いやすさ及び、景観を兼ね備えた施工力を身に付けて行かなければならない。

檀上健太郎　檀上庭園　千葉市花見川区　46歳

Q1　C　石＝高級過ぎるといったイメージが先行というより定着（価格）している。一時期の押し売りまがいのイメージ、和風過ぎるといったイメージが定着。飛石に関してはホームセンター等の普及で自分でやれるというイメージが強い。つくり手側の真摯な考え方を伝え、提案の仕方をはじめ努力が必要かと思います。

Q2　BとC　地元では中々良い材料が確保できず、他の地域の材料商頼みや石を好まれた施主の方々が高齢化しており、石の通路や飛石を処分したいという相談をよく受けます。このような背景で出た良質な材料をストックし出番を待つといったケースが増えてきました。

Q3　AとB　住宅事情の多様化と石への理解の低さの中で、伝統的な形だけでは収まりきれない部分があると思います。このような状況だからこそ臨機応変に応えていきたい。現代感覚のデザイン性には、伝統手法のエッセンスに留める。いずれにしろ、つくり手側の度量や幅広い知識が必要とされる時代と感じております。

その他　高名な庭師が打った飛石を歩かせていただいた時にふと立ち止まり、無意識に後ろに歩みを進めても、足は石の上に乗るという経験をしました。見せかけのブランド性の高い材料に頼るだけでなく、モノの本質に向き合うことを忘れず精進を続けていきたいです。

吉田正夫　吉田造園　東京都豊島区　62歳

Q1　C　庭に敷石・飛石を使う仕事が減った。

Q2　B　露地をつくる当社では欠かせない材料である。飛石は数件の資材店で仕入れたり、数百点の在庫から飛石を選んでいる。

Q3 A 現代感覚とか伝統手法などに関わらずその場に合ったものを考えている。

その他 自然石で材質、形、大小などの飛石は、手頃な値段では探せなくなりました。

信越

小池健太郎 小池造園 長野県上伊那郡 43歳

Q1 C やはり年齢層の高い施主は自然石の飛石や敷石を好み、中間年齢層以下の施主はブロックやタイル、レンガを好むのが現状です。

長野県＝伊奈真黒石による軒内の犬走り
写真：小池健太郎＝

私たちの地域も住宅事情の変化に伴い日本家屋が減少し日本庭園の作庭も減りました。もちろん材料商も取り扱う材料が変わり、残念ながら今では二次製品が増えています。地元には良い石質の地元石材がありますが、需要が少ないため、近年、石材は破砕され、基礎材の砕石へとなりました。

Q2 C 敷石・飛石に使う理由は、自分は石工の技は時代を繋げていく芸術品だと思います。劣化するコンクリート製品とは違い、石は時を重ねるたびに味が出て、重みが増し次世代へ残すことができます。それだけに住宅とのバランスを考えながら取り入れています。仕入れ方法は地元の材料商で取り扱っていないため、プラント工場で自らの手で選別調達しています。もう一つの石材は地主の許可の元、自らの手で土を掘り起こし、選別調達していますので、かなり貴重です。

Q3 AとB 明治・大正・平成へと時代は変わり、作風も特徴も変わってきました。各時代の先人たちもその時代の風を取り込んできたからこそ名庭が生まれたのでしょう。

私は平成には平成の庭があってもよいと考えています。しかしながら、今現在の技法のほとんどは先人たちが考えた手法です。

東海・北陸

谷山暁則　谷山庭苑　愛知県豊川市　40歳

Q1　**D**　海外の材料をみなさんは使っているようです。自分は地元産を使っています。

Q2　**C**　名前もない石やその辺に転がっている石です。材料の余裕はありませんが、その時の出会いで決めています。

Q3　**AとB**　伝統も考えつつ現代の建物に調和するように心がけています。

横田宣郎　造景よこた　石川県能美市　45歳

Q1　**B**　車での移動が主であり、駐車スペースの確保などから庭全体の面積が縮小し、飛石・敷石の必要性が薄れてきた。

Q3　**A**　施主の生活の利便性を基本にして希望にそったものを提供する。伝統手法も大事ですが、材料を含めた固定観念をもたない発想で新しい手法にチャレンジすることも必要だと思う。

その他　北陸の金沢は降雪地なので生活する上で除雪が必要であり、スコップなどが引っかからない平たい切石が好まれる。

かつて家の玄関先や角に「ゴッポ落とし」という石が置かれていた。下駄に付着した雪の塊りを落とすために便利なもので、高さ二〇センチメートルほどの弾丸型だった。家の中にゴッポ（雪の塊り）を持ち込むと水浸しになってしまうのを防ぐためで、雪国ならではの発想であるが、下駄履きが無くなったのと同時にこの石も消えた。

中部

堀部佳彦　堀部造園　岐阜県加茂郡　43歳

Q1　**B**　外国石材の商品が多くなってきました。現代の家に乱張り、方形の石張りなどいろいろな張り方をしますが、明るく清潔感

岐阜県＝美濃石（花崗岩）
写真：堀部佳彦＝

のある仕上がりにはなります。その代わり趣きと植栽との相性が気になります。

Q2 A 気良石（余裕あり）＝楽庭舎／木曽石（少ない）／美濃石（余裕あり）＝丸共庭石

Q3 A 歩きやすいことは考えますが、厚みを出して張りたい庭もケースによって変えています。

その他 レンガとブロック製品が多い中、植栽との相性が良いものが自然石であり、形の変化、厚みがあり庭に融けこみます。

関西

伊庭知仁 庭知　滋賀県草津市　40歳

Q1 B 新規作庭において、若い世代の家庭ではつくり込み過ぎず全体的に線の細い樹木や植物で構成された庭を希望されることが多くなりました。このため飛石＝純和風というイメージが強いようで提案しても難色を示されます。

年配の世帯においても飛石は歩きにくいとのことで、新設より撤去依頼や歩きやすくする改修ケースも多くなってきました。

敷石は、積極的に提案を試みていますが、単価が高いため、予算と合わず洗い出しなど単価が安い工法に置き換えることが多くなりました。

顧客の希望にそぐわないといえばそれまでですが、施工者側である自身の提案力の向上や予算取りの工夫、敷石・飛石の良さや意味を伝え、顧客の心を動かすプレゼンテーションを行う努力が必要だと痛感しています。

Q2 B

Q3 A 敷石や飛石は機能を重視し過ぎると面白味がなくなりがちです。ただ、自分がつくりたいものを欲求のままつくってしまうとその空間全体の中で浮いてしまう、主張し過ぎたものになってしまう。自分がつくりたかったものを「現代感覚で創りました」といってしまうのは簡単ですが、果たしてそれが本当に現代の感覚といえるのか疑問です。

現代感覚を考えるにあたり先ず考えるのは、伝統とは何かを掘り下げる必要があります。

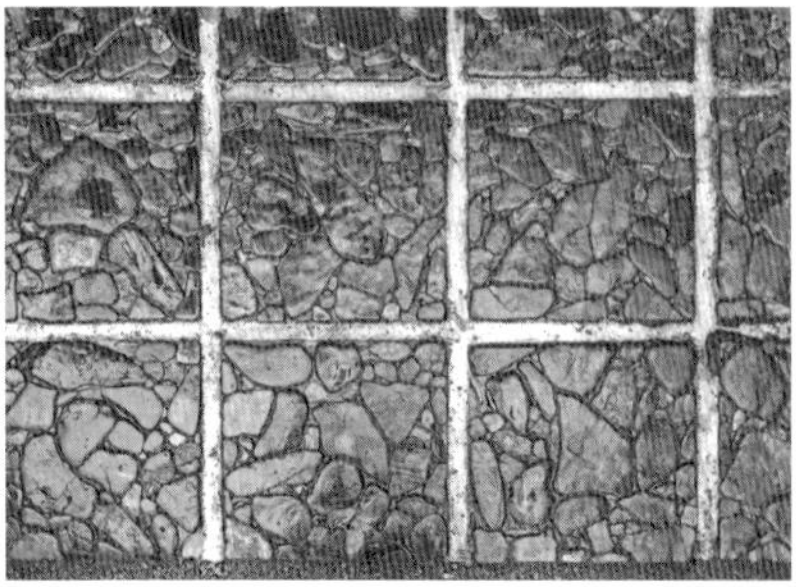

京都府＝町家で見つけた緻密な敷石写真：著者＝

京都府＝寺社仏閣に見る敷石／写真：著者＝

現代の詩歌や舞踊・工芸・芸道などに代表される古典と呼ばれている伝統芸の創始者たる人々は、その当時、価値観や世界観を打ち破り、まったく新しい価値観や世界観を見い出した人々であり、古典とはその時代でのモダンアートであったはずです。

今を生きる時代の中で、顧客のニーズ、多様化する材料、受け継がれてきた伝統、渡りと景、それらを踏襲しつつも囚われ過ぎること無く空間や場所に応じたものをつくりたいです。

これまでの伝統手法を守ることは当然なことで、大事ですが、やはり、この時代に庭師として生きた証を残す意味でも、新しい価値観や世界観を残したいと思います。

これこそが現代の住宅事情に即した敷石や飛石の生まれる土壌になるのでしょう。

このようにして生まれ、受け継がれていくことが新しい伝統となって未来へ引き継がれていくのではないでしょうか。

平井幸輝　**緑輝造園　京都市山科区　43歳**

Q1D　需要という捉え方はしていません。私が提案する空間づくりでは、石材を織り交ぜることが基本となっているため、積極的に敷石と飛石を用いています。空間を修めるために用と景には気を配っています。

Q2C　施主の思いや庭をつくる場所の特性に縁のあるもので、建築、他の石材、植物、素材と馴染みがよく空間を通して統一感のあるものを使います。セメントで石を汚すのが嫌なので厚みがあり、土ぎめできるものがよいです。

先代（父親）から引き継いだ石材のストック、自分で集めた古材、毀《こぼ》ち（京都でいう解体・改修現場の意）で入手したものが主です。

Q3　A　施工方法の基本は現代も昔も変わらないと思います。その空間にうまく収まっているか、歩きやすいか、そして特に気を付けるのは、奇を衒わずに独創性があり、お洒落でいい感じであるかどうかです。

その他　私が庭仕事を始めてから、手入れ、作庭、毀ちなどでいろいろな現場へ入りました。その過程で敷石・飛石について思いを抱いたことがいくつかあります。

京都府＝真黒石を縦横交互に敷いた門の軒内のディテール／写真：著者＝

例えば、モルタルに頼った施工で時が経ち、薄い石材の剥がれや地盤が下がった時のモルタル基礎の露出はみっともなく感じます。古い庭の毀ちに入った時、持ち出そうとした飛石にバールを当ててめくろうとしたら、一尺ほどの踏面に対し、二尺ほどの厚みが地中に入っていたことがありました。石の一割を踏面に使い、九割は土中という氷山の一角のような使い方でした。

その庭では、さらに他にも同じような打ち方をした飛石が多くありました。丁稚だった私は石の厚みの見当もつかず衝撃を受けましたが、本来の打ち方はこうなんだと分りました。石の存在感、重厚感は目に見えない、隠れている部分から醸し出されてくる雰囲気かと思います。

私自身、古材を良く使います。好きな石種を新規で手に入れることが難しいのと、時を重ねた味があるからです。自分がつくった庭が永遠に残ればいいのですが、そんなことはあり得ず、未来の誰かが、その庭の石を用いて私とは違った使い方で新たな庭

京都府＝敷石を主役にした庭
写真：平井幸輝＝

大阪府＝石材の廃品を活かすも殺すも作庭者の腕前しだい／写真：清水亮史＝

をつくることがあるでしょう。
　その時、石がモルタルで汚れていたら申し訳なく思います。
　現代よりも加工運搬に手間が掛かった先人たちが残してくれた石材で仕事をさせてもらっている以上、無駄な使い方、汚い使い方をせず、次の誰かに手渡していきたいという思いがあります。そういう意味では石が簡単に大量に手に入る現代ではその価値が軽んじられているのではないでしょうか。
　理屈っぽくなりましたが、私にとって石は、絵画の絵の具同様、表現に欠かせない素材です。それは昔、「植木屋は石を使えてなんぼや」といわれた言葉を真正面から受け留めているからでしょう。

小関昌彦　京都庭昌　京都市左京区　37歳

Q1 B　若い世代の新築では洋風の建物が多く、和風を求める方が少ない。和風の庭でも予算的に手間の掛かる仕事を敬遠されるようになりました。

Q2 A　安曇川石の採掘場に直接、買い付けに行く。まだ余裕があると思います。

Q3 B　庭の中へ歩みを進めながら、ふと足を止め、その空間で作庭者の精神といいますか意匠を肌で感じるのも日本の庭の楽しみの一つになって欲しいと思います。

清水亮史　Garden Factory創都　大阪府茨木市　46歳

Q1　**A**

Q2　**A、B、C**　《長野県佐久市》＝採石場にて石を選んで積み込む。使用量に関わらずトラックに乗る限度まで。《愛媛県の石》＝今どきの住宅に似合いそうなシャープでスタイリッシュなデザインが表現できるので使用しています。

Q3　**AとC**　機能と歩きやすさの中にその土地の歴史や思いを入れられたらと考えています。

現代の住宅事情において、機能性を無視することはできません。

しかしその機能性の中に骨格となる伝統手法をアレンジして取り入れることこそ、型破りなデザインになると考えています。

その他　石は主張し過ぎず、さりげなくそこにあったかのように取り入れたいと願っています。

四国

今田康正　今田作庭園　香川県仲多度郡　44歳

Q1　**B**　段差が危ないので、飛石を撤去して欲しいという声が一番多いです。このため、階段で大判で使用する機会が増えてきました。材料の減少もその一つにありますが、石積と違い石はまだあると思います。

Q2　**C**　庵治石＝黒雲母細粒花崗閃緑岩は、表層を発破しないため多少余裕あり。加茂石＝安山岩（解体現場から調達）、余裕なし

Q3　**AとB**　飛石は使いやすいし、工事単価も抑えられるメリットがあると説明しても説得力がありません。現代事情を鑑みて解説すべきではないでしょうか。

飛石の合端ばかりを気にするのではなく、私は石の線と石の重心を見て、打っていくことが大切です。

その他　昔、庭を始めたとき、父親からいわれた言葉が今だに頭に残っています。

香川県＝高級石材庵治石の採掘場遠景／写真：橋本昌義＝

「庭は飛石に始まり飛石に終わる」そのくらい奥の深い技法だと思います。目先だけの技だけでなく、庭づくりの基本中の基本に関わる奥深さを感じてなりません。

橋本昌義　植昌 橋本造園　香川市　42歳

Q1 B　香川県では、庵治石が有名ですが昔からよく使われており庭の構成がすべて庵治石の為、関心が薄くなり加えてバリアフリーで飛石など減少し、外国石材や県外石材に変わりつつあります。

Q2 B　古材を使うことが多く地元の石材では数の限りがあり、県外や外国石材を使用しております。奈良、京都が古材が集まりやすく主な仕入れ先です。

Q3 B　住宅事情は大きく変化してきましたが、伝いや渡りは、施主の生活に合わせた機能・美・歩きやすさを重視しております。

近年は、バリアフリーで段差は無くなりつつありますが、ある施主から段差がある方が良いという意見も聞かれます。そこに意識して生活することが大切だと教えていただくこともありました。

香川県＝庵治石の採掘現場
写真：橋本昌義＝

愛媛県＝黒森山系安山岩による敷石／写真：菊池 潤＝

菊池 潤 Garten-Meister 菊池造園 愛媛県東温市 39歳

Q1 A 新築時において庭の注文は減ってきているように思いますが、アプローチを希望される施主はとても多いように思います。ただし、昔ながらの御影石の切石ではなく、自然石を工夫した敷石にと移っているようです。また作品といえる完成度の高いものに注文が多いように思います。

Q2 C 黒森山系安山岩＝名称は特になし。砕石を生産している業者が岩を発破したときに真っ直ぐ割れた石材を分けてもらっています。人手不足で砕かれますが採掘量はあります。ただし手に入りづらいです。

Q3 A バリアフリーを意識しない施主は、ほぼいない状況です。歩きやすさの上にデザイン性を求められていると思います。

その他 住宅の仕事が多いですが、飛石を打つ機会は減っています。歩きづらさや雨の日は滑って危険だったり、お年寄りから子どもまでが住まう場所には不向きだと思っています。ポストへの一歩、インターホンへの一歩として使っています。

中国

三原洋治　雲の庭　島根県出雲市　49歳

Q1　A　以前は来待石《きまちいし》が多く使われていましたが、最近はあまり使われません。某有名建築家から問い合わせがあったと聞きましたので、今後、見直されるかも知れません。ただし採掘量は少ないそうです。

Q2　C　主に地元で入手できる古材（解体現場等で入手）を中心に使っていますが、全国の仲間を通して入手しています。

Q3　A　個人的には伝統手法でつくった敷石が大好きですが、人々の衣食住が大きく変わったので、敷石・飛石も変わって当然だと思いますし、全体の調和を考えると変わるべきでしょう。

島根県＝輸入石材（花崗岩）を使用したアプローチ（設計：土江建築工房設計室）写真：三原洋治＝

廣岡尉志　広岡造園　広島県三原市　54歳

Q1　B　庭の形が変わってきて庭の中を歩くというより、庭を見るというような気がします。そのため、飛石などが少なくなっているようです。

Q2　AとB

Q3　A　庭にもよりますが、住宅自体が段差のないバリアーフリーになったように、庭にも段差が無く車椅子でも庭を楽しめるようになれば良いと思います。

坂本利男　坂本造園　山口県山口市　50歳

Q1　D　飛石の需要はほとんどありませんが、敷石の需要は最近増えていると思います。敷石と申しましても中国産やベトナム産を使用する時は、必ず角をビシャンで加工したり表面は割石でこすったりして中古品に見えるようにしています。通常、敷石は古材の長石（かずら石・板石）などを使用しています。たまに地元産の石を割った木端をさらに加工してアプローチなどの敷石に活かしています。

Q2 C　真砂山から出る錆石＝あと数年は採れる／解体現場や処分場より古材を調達／野ざらし状態の個人宅より古材を調達。

Q3 A　高齢者など足のご不自由な方々を考慮し、なるべく歩きやすさを重視。階段の蹴上げも15㎝以内とする。新築住宅にしてもなるべく古材を入れ、趣きを出すようにしています。

その他　露地以外ではなるべく新しい感覚でデザインし、建物との調和を計り、なるべく地元産の石材を使用。古材は新しい使い方（アイディア）で今までとは違った形で活かせるようにしています。古材といっても絶えた家の石材は使用していません。古材や割石の木端などさらに手を加えながら新しく生まれ変わらせて景を創造するのが、私たち庭師の仕事だと思います。

山口県＝石の木端を見事に使いこなした敷石
写真：坂本利男＝

広島県＝独創性に富んだ敷石／大森邸
写真：廣岡尉志＝

山口県＝萩市内の寺院境内で見つけた敷石
写真：著者＝

田中耕太郎　松筑園　山口県下関市　35歳

Q1　A

Q2　AとB

Q3　C　どちらでもなく、さりとてどちらもある。どんな場合にしろどんな場所でもそこに合ったものを目指した時、伝統手法はいつも糧となり、設計・施工次第で機能も現代感覚も実現できます。その中であえていうのなら、「自然の石」だからこそ時として表われる歩き難さを無理に型にはめることなく受け入れてもらえた時、そこに大らかさが備わることもあるようです。

廣兼　聡　廣兼造園　山口県萩市　63歳

Q1　C　在来工法による住宅建築から大手プレハブ工法へと変化し、敷地面積の制限と相まって、玄関前庭が主となりました。飛石を打てる庭は激減しました。

Q2　B　輸入材を使用することが多くありますが、できれば古い住宅を解体する際に出る古材を使用したいです。

Q3　A　玄関前庭においては歩きやすさが優先ですが、利休や織部の考え方は大いに参考にすべきです。現代の感覚・感性は今を生きる者には大切な要素であることは間違いありません。しかし、建築との調和を抜きにしては成り立ちません。

その他　「ハレとケ」と「用と美」は永遠のテーマ。

九州

亀崎正吾　亀崎開楽園　福岡県久留米市　39歳

Q1　C　ハウスメーカーやエクステリア側からのデザインの影響もあり、石材店の仕入れも天然石の飛石・延石（敷石）に魅力あるものが少なくなってきている。また、解体の際、工務店が指揮を執ると景石・飛石などがまるでゴミのように産廃処理されているのが現状です。

Q2　AとC　熊本県鹿北町産出の鹿北石。

Q3　AとB

A＝庭に対して抵抗がある施主には機能重視のプランを提案することもありますが、その先に繋がるようなプラン（外構工事が主）にしています。

B＝庭と外構工事共にテーマ、コンセプトがあり、そこに沿った材料とデザイン、施工方法を用いています。

その他　建築自体の工期短縮の流れから手間暇を掛けてできる仕事が少ない中、どれだけのテーマとコンセプトを施主に理解していただくかが、大きなポイントのようです。そのためにも自分自身がもっと材料確保と知識を身に付けていくべきであって、余裕ある時間を生み出していけるようになりたいです。

佐賀県＝大ぶりな板石を大胆に配石＝坂本邸（長崎県）／写真：石丸春光＝

長崎県＝数寄屋建築にふさわしい敷石＝旅亭 半水盧（雲仙市）／写真：著者＝

森　晃弘　庭咲　佐賀県佐賀市　38歳

Q１　B　自然石による敷石・飛石は以前と比べて激減してきたようです。使用する材料はどちらかといえば外国産の既製品の御影石が多く、自然石の需要が少なくなり採石業者もほとんどおりません。

Q２　AとC　鹿北石（安山岩、採掘量は余裕無し）

Q３　AとB　どちらも大切だと思います。伝統手法を理解していただける施主にはそういう提案をさせていただきますし、理解できない場合、別の提案をしています。

石丸春光　伊万里春光園　佐賀県伊万里市　67歳

Q１　B　使用する材料に変化は少ないですが、全般的に敷石・飛石の需要は減少し、資材の調達が難しくなっています。それは、洋風系の建物が多くなったため使用する場所が減少。予算面で厳しく、手間の掛からない工法で済ませる。若い世代の人は草むしりや掃除などが苦手な人が多くなり、コンクリート、土系舗装などで固める方法を選んでいます。

Q２　AとC　材料によっては材料屋から仕入れて

いますが、大半は自分で探し調達する。自然形で変化に富んで面白い＝彼杵石（変成岩）＝飛石・延段・沓脱石／庭に重みや品格が出る＝砂岩法応石（堆積岩）採掘量に余裕無し。

Ｑ３　ＡとＢ　場所に応じて機能や現代感覚を考え、新しい材料を使用。本来、伝統手法は庭づくりにおいて基本だと思っていますので、伝統技術を残しつつ次世代に受け継いでいきたい。

その他　和洋の建物を問わず、敷石・飛石は使いたいです。多くの日本人は和の心を持っているはず。洋風の建物でも場所を選び、敷石・飛石を使うことで他の部分の景色を良く見せる効果が引き出せます。そのために仕入れた石材をそのまま使うのではなく、割ったり刻んだり、加工技術の腕を磨き、デザイン力を身に付ける努力をしていくのが、庭師の仕事だと思い、庭づくりに励んでいます。

徳永新助　松龍園　熊本市中央区　70歳

Ｑ１　Ａ

Ｑ２　Ａ

Ｑ３　Ｃ　お客様が年齢を重ねていく中で、どんな状況であっても一生涯不便を感じず、なおかつ日々楽しんでいただける庭をつくることを心がけています。敷石・飛石についても機能性とデザイン性を兼ね備えたものが必要だと思います。

その他　庭の世界に入って五十五年。松と庭づくりに全力を尽くしてきました。若い頃から高い目標に向かって一気に階段を上がるのではなく、一段一段着実に歩んできました。庭づくりでは、手塩に掛けて育てた松や時間を懸けて探した石を庭に据え、松や石から「ここに植え、据えてもらってありがとう」と、喜んでもらえるような庭ができたら、本当の歓びです。

宮本秀利　宮本造園　長崎県雲仙市　69歳

Ｑ１　Ｄ　飛石は減り敷石は割合増えています。住宅事情や生活様式などの変化が大きく左右しています。

Ｑ２　Ａ～Ｃ　地元産の石を使用することで地元の石文化を残すことになると思います。地元の石＝通称、島原石・雲仙石などの安山岩。できるだけ地元の石を使用しています。

Q3 AとB

A＝作庭現場の状況に応じて区別しています。

B＝作庭上、飛石の打ち方（役割）を重視しなければなりません。

その他　物流のグローバル化によって安くて簡単に入手できる時代、庭の価値観が材料によって希薄になっているようです。ひと昔前ではその土地土地で産出した物を創意工夫し、その土地柄が作庭に表われていました。でも今は、全国一律化の材料が、庭園文化の衰退を象徴しているように感じてなりません。

沖縄県＝琉球石灰岩を敷いた首里の石畳
写真：菊地洋樹

沖縄

菊地洋樹　艸木　沖縄県　48歳

Q1 B　敷石と飛石は減少傾向です。庭に関する情報が外国産のため、施主への影響が大きいです。

Q2 C　琉球石灰岩、石質は石灰岩です。採掘量は減少していくばかりです。また、以前と比べ石の質も良いものが減少し大変困っております。

Q3 A　山歩きをしていて、平らな石を見つけるとひと息つきたくなります。それは安心できるからでしょう。これが敷石や飛石がもつ根源的な心象であり、原点ではないでしょうか。また雨の日や雨上がりでは、地べたを歩けば足元が汚れます。それだけでなく土に生きる虫や微生物にも影響を与えます。

ただし、琉球王朝のような権力者オンリーの敷石・飛石ではなく、本質に立ち戻って敷石・飛石の工夫を考えたいです。お施主の生活に思いをはせ、思いやり、愛情たっぷり、心を込めながら敷石・飛石に立ち返りたいです。

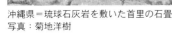

あとがき

「庭は飛石に始まり飛石に終わる」。

全国31人の作庭者の方々がたくさんの思いを寄せた《我が故郷の敷石と飛石》の中のお一人が記した言葉です。これを目にして若かりし頃、名人クラスの庭師の方々からお聞きした言葉の数々が思い起されました。

「巧言令色、どんなに偉そうなことを語っても『飛石の打ち方』一つ見れば、その人の人格から作庭に関わる造形感覚・美的感覚のすべてがわかる」と。ところがこの飛石がまるで絶滅危惧種のようで風前の灯し火だと知りました。

「時代に適応できないものは滅び去る」といいます。時代は今、高齢化社会を迎えて健康寿命に関心が高まっているようです。敷石と飛石の上を裸足で歩くと足裏のツボを刺激するといわれ、身体能力の維持向上が図れるそうです。

本書を読んで敷石と飛石にこれまでとは違った新たな価値観を見い出していただけたらありがたいです。最後に本書へ実例をご紹介下さった12人の方々とアンケートにご協力していただいた全国31人の作庭者のみなさま、そして敷石と飛石を制作願った高橋良仁さんに厚く感謝申し上げます。

平成最後の晩夏 八月吉日　豊藏 均

写真提供&撮影者

宮内庁京都事務所（P7 ～ 32）

福岡 徹（P34 ～ 35）
山家和子（P36 ～ 37）
新 肇（P38 ～ 41）
厚澤秋成（P42 ～ 43）
高橋良仁（P106 ～ 119）
星 宏海（P46 ～ 49）
鈴木富幸（P50 ～ 51）
（P51 上と P85 左＝吉元洋子）

猪鼻一帆（表紙カバー・P52 ～ 55）
佐野友厚（P56 ～ 59）
橋本昌義（P60 ～ 63・カバー裏）
菊地洋樹（P64）

豊藏 均
林 桂多（講談社写真部）

デザイン・装丁　森 佳織

本書で紹介した作庭者（掲載順・敬称略）

福岡 徹（ふくおか・とおる）
1963 年　秋田県生まれ
福岡造園　〒018-3123
秋田県能代市二ツ井町駒形字出口 101
TEL&FAX 0185-75-2033
URL　http://fukuokazouen.biz/annai.htm

小畑 栄智（おばた・よしのり）
1977 年　宮城県生まれ
よっちゃんの庭工房　〒989-0275
宮城県白石市字本町 11
TEL&FAX 0224-26-6380
URL　http://www.yocchannoniwakoubou.com/

新 肇（あたらし・はじめ）
1964 年　福島県生まれ
有限会社創苑　〒963-0105
福島県郡山市安積町長久保 1-16-6
TEL　024-945-1664
FAX　024-945-2664
URL　https://blogs.yahoo.co.jp/shinbou1964/rss.xml

厚澤 秋成（あつざわ・あきなり）
1961 年　埼玉県生まれ
グリーンプラン厚澤　〒336-0974
さいたま市緑区大崎 2039-1
TEL　048-878-0426
FAX　048-878-4988

高橋 良仁（たかはし・よしひと）
1954 年　埼玉県生まれ
有限会社 庭良 / 高橋良仁庭苑設計室：作庭
〒339-0032 さいたま市岩槻区南下新井 856-3
TEL　048-798-4886
FAX　048-798-1882
URL　http://niwa-yoshi.jp/

平井 孝幸（ひらい・たかゆき）
1951 年　東京都生まれ
有限会社石正園　〒202-0023
東京都西東京市新町 3-7-2
TEL　0422-52-1058
FAX　0422-53-9647
URL　http://www.sekishoen.jp/

星 宏海（ほし・ひろみ）
1976 年　神奈川県生まれ
有限会社 庭匠霧島　〒253-0102
神奈川県高座郡寒川町小動 976-28
TEL&FAX 0467-53-7390
URL　http://niwasho-kirishima.com/

鈴木 富幸（すずき・とみゆき）
1965 年　愛知県生まれ
鈴木庭苑　〒444-0117
愛知県額田郡幸田町相見字北鷲田 106
TEL　0564-62-4605
URL　http://www.s-teien.com/

猪鼻 一帆（いのはな・かずほ）
1980 年　京都市生まれ
いのはな夢創園　〒601-1416
京都市伏見区日野岡西町 4-30
TEL　075-572-1546
FAX　075-634-7807
URL　http://musouen.net/

佐野 友厚（さの・ともあつ）
1979 年　京都市生まれ
庭友　〒615-8251
京都市西京区山田猫塚町 9-34
TEL　075-392-6435
URL　http://www.teiyu28.jp/

橋本 昌義（はしもと・まさよし）
1976 年　香川市生まれ
植昌　橋本造園　〒761-8026
香川県高松市鬼無町鬼無 452
TEL&FAX 087-881-3762
URL　http://wwwa.pikara.ne.jp/uemasa-1128/

菊地 洋樹（きくち・ひろき）
1970 年　北海道札幌市生まれ
艸木（そうもく）　〒901-1401
沖縄県南城市佐敷伊原 371-2
TEL　090-9788-6739
URL　http://soumoku-okinawa.com/about.html

●著者プロフィール

豊藏 均（とよくら ひとし）

作庭研究家。1955年千葉県生まれ。隔月刊誌『庭』前編集長。取材を通じて全国の庭を目にし、作庭者と交流を結ぶ。創庭社代表。(一社)日本庭園協会評議員。主な仕事が『ガーデンテクニカル・シリーズ全6巻』、『大北 望庭園作品集 水と庭の精神』と著作は『現代ニッポンの庭 百人百庭』、『庭暮らしのススメ』建築資料研究社刊。

桂離宮《かつらりきゅう》に学《まな》ぶ 敷石《しきいし》と飛石《とびいし》の極意《ごくい》

2018年10月18日　第1刷発行

著　者　豊藏《とよくら》 均《ひとし》
発行者　渡瀬昌彦
発行所　株式会社講談社
〒112-8001　東京都文京区音羽2-12-21
販売　TEL 03-5395-3625
業務　TEL 03-5395-3615
編　集　株式会社講談社エディトリアル
代　表　堺 公江
〒112-0013
東京都文京区音羽1-17-18 護国寺SIAビル6F
TEL 03-5319-2171
印刷所　大日本印刷株式会社
製本所　株式会社国宝社

N.D.C.620　143 p　21㎝

Printed in Japan
ISBN978-4-06-513358-3